城乡建设防灾与减灾知识读本

本书编委会　编著

中国建筑工业出版社

图书在版编目(CIP)数据

城乡建设防灾与减灾知识读本/本书编委会 编著. —北京：中国建筑工业出版社，2008
 ISBN 978-7-112-10196-2

Ⅰ.城… Ⅱ.本… Ⅲ.①建筑工程-抗震结构-结构设计-基本知识②建筑工程-防风-基本知识③建筑工程-防洪-基本知识④建筑工程-地质-自然灾害-防灾-基本知识 Ⅳ.TU352 TU89

中国版本图书馆 CIP 数据核字(2007)第 095304 号

本书共分五个部分，系统地介绍了几种主要的自然灾害产生的原因、造成的影响以及如何防治等。特别是在勘察选址、规划方案的编制、抗震防风设防等级、建筑设计的标准规范的要求、防灾安全预案的编制及防灾减灾的立法等方面进行了详细的介绍，书中还介绍了日本防震减灾方案及生命线地震工程概论等内容。希望通过本书的出版引发我们全社会特别是建设领域的技术人员和管理人员增强防灾减灾的意识，尤其希望对灾区的重建工作起到指导作用。

* * *

责任编辑：付娇 陈桦

城乡建设防灾与减灾知识读本
本书编委会 编著

*

中国建筑工业出版社出版、发行(北京西郊百万庄)
各地新华书店、建筑书店经销
北 京 天 成 排 版 公 司 制 版
北京市铁成印刷厂印刷

*

开本：787×1092 毫米 1/16 印张：10¼ 字数：249 千字
2008 年 11 月第一版 2008 年 11 月第一次印刷
印数：1—3000 册 定价：20.00 元
ISBN 978-7-112-10196-2
(16999)

版权所有 翻印必究
如有印装质量问题，可寄本社退换
(邮政编码 100037)

总策划：常　燕（中国建筑工业出版社　编审）
主　编：吴庆洲（华南理工大学　教授　博士生导师）

编委会成员及撰写分工

第1章	建筑抗震设计	吴玉坚（华润深圳有限公司　高级建筑师）
第1章10节	日本的隔震结构设计及现有结构的抗震加固	傅金华（日本P.S.三菱建设株式会社　主任研究员）
第2章	生命线地震工程概论	柳春光（大连理工大学　教授　博士生导师）
第3章	建筑防风	郑力鹏（华南理工大学　副教授）
第4章	城市和建筑防洪	吴庆洲（华南理工大学　教授　博士生导师）
第5章	建筑防地质灾害	吴庆洲（华南理工大学　教授　博士生导师）

全书选编整理　　　　　　　　常　燕（中国建筑工业出版社　编审）
　　　　　　　　　　　　　　　　付　娇（中国建筑工业出版社　编辑）

序

"5.12"四川汶川的特大级地震使中国震惊，让世界震撼。这次地震给国家和人民生命财产造成极大的损失。痛定思痛，它深刻地向我们昭示了工程建设领域抗震减灾工作的重要性和紧迫性。

然而，人们对自然灾害还缺乏足够的认识，在工作中对防灾减灾的意识还需要加强。

人类虽然不能阻止地震灾害的发生，但做好防灾减灾工作则可以减少自然灾害造成人民群众生命、财产的损失。历史上人类对灾害的认识经历了逃避灾害、抗拒灾害、减少灾害这样的三个发展阶段。"逃灾"反映出人类对灾害环境的惧怕和无奈。"抗灾"强调的是对灾害环境的征服，而"减灾"强调尽可能地减少灾害损失。从"逃灾"到"抗灾"是人类工程技术进步的结果，而从一味地"抗灾"到"防灾减灾"则是人类重新认识灾害客观规律的结果。为了增强全社会防灾减灾的意识，由中国建筑工业出版社组织该领域内的专家、学者编写了这个知识读本。

此书系统地介绍了几种主要的自然灾害产生的原因，造成的影响以及如何防治等。特别是在勘察选址、规划方案的编制、抗震防风设防等级、建筑设计的标准规范的要求、防灾安全预案的编制及防灾减灾的立法等方面进行了详细的介绍，书中还介绍了日本防震减灾方案及生命线地震工程概论等内容。希望通过本书的出版引发我们全社会特别是建设领域的技术人员和管理人员增强防灾减灾的意识，尤其希望对灾区的重建工作起到指导作用。

人是主体，自然是客体，人充分认识自然、认识自然界的客观规律是构建良性生态系统的基础。应当认识到我们生活于自然之中，也是自然的一部分，应该依循自然环境的规律对灾害环境加以改善，创造人类与自然相融合的、和谐的人居环境，这才是我们应当遵循的行为准则和追求的理想目标，并以此作为防灾规划设计的指导思想，创造适应灾害环境的城市与建筑，创造人与自然的和谐发展。

编者

目 录

绪论 1

第1章 建筑抗震设计 5
1.1 建筑与地震 6
1.2 建筑抗震基本原则 14
1.3 多层和高层钢筋混凝土抗震设计 20
1.4 多层砌体房屋和底部框架、内框架房屋的抗震设计 28
1.5 多层和高层钢结构的抗震设计 34
1.6 生土建筑、木结构、石结构房屋的抗震设计 39
1.7 建筑隔震与消能减震设计 42
1.8 非结构构件的抗震设计 46
1.9 建筑抗震实例和未来发展趋势 48
1.10 日本的隔震结构设计及现有结构的抗震加固 53
1.11 结语 59

第2章 生命线地震工程概论 61
2.1 引言 62
2.2 地震工程理论研究回顾 62
2.3 生命线地震工程构成 64
2.4 生命线地震工程特点 66

  2.5 生命线地震工程抗震设防原则 ……………………………………… 67

第3章 建筑防风 ………………………………………………………… 69
  3.1 灾害性风的基本知识 …………………………………………… 70
  3.2 防风规划设计的原理 …………………………………………… 79
  3.3 城镇防风规划要点 ……………………………………………… 90
  3.4 建筑防风设计要点 ……………………………………………… 98

第4章 城市和建筑防洪 ………………………………………………… 111
  4.1 洪水、洪灾的基本概念 ………………………………………… 112
  4.2 城市水灾的类型和成因 ………………………………………… 113
  4.3 人类防洪史 ……………………………………………………… 115
  4.4 对20世纪中国洪灾的回顾和反思 …………………………… 117
  4.5 我国防御洪涝灾害的综合体系 ………………………………… 119
  4.6 城市防洪综合体系 ……………………………………………… 122
  4.7 流域防洪规划 …………………………………………………… 124
  4.8 城市防洪规划 …………………………………………………… 128
  4.9 城市防涝新设施 ………………………………………………… 135

第5章 建筑防地质灾害 ……………………………………………………… 141
  5.1 地质灾害的概念和内容 ………………………………………… 142
  5.2 地面沉降与灾害 ………………………………………………… 142
  5.3 塌陷灾害 ………………………………………………………… 144
  5.4 泥石流与灾害 …………………………………………………… 147
  5.5 滑坡及其灾害 …………………………………………………… 151

参考文献 ……………………………………………………………………… 154

绪论

Introduction

绪 论

一、灾害

灾害是指由自然原因或人为原因给人类生存和社会发展带来危害，造成损失的灾难、祸害。

灾害可分为：

自然灾害——自然力通过非正常方式的释放而给人类造成的危害，如天文灾害、地质灾害、气象水文灾害、土壤生物灾害等；

人为灾害——人类社会内部由于个人、群体的主客观原因而使社会行为失调、失控所造成的灾害，包括行为过失灾害、认识灾害、社会失控灾害、政治灾害、生理灾害、犯罪灾害等；

混合型灾害——自然因素与人为因素相互交叉作用造成的灾害，如瘟疫、环境灾害等。

灾害与事故不完全相同。灾害一般是比事故更有破坏性、突发性的自然事件和社会事件；而事故多为单个、孤立的事件，少有大面积、大规模的发生，后果大多影响到直接受害者及其家庭，一般不直接对社会造成震动或影响，其救助大多只需有关单位或部门承担，无需动员社会力量。少数灾难性事故是具有灾害性质的社会事件，但其规模、后果、影响、救助方式是同灾害有别的。

本书主要介绍常见的四种灾害。

1. 地震

地震是城市重要灾害之一。我国目前有 70% 以上的特大城市位于地震烈度 7 度及 7 度以上的地震区内。其中北京、天津、太原、西安、兰州、昆明 6 个特大城市位于 8 度区内。全国 52 个大城市中，有 30 个位于 7 度和 7 度以上的地震区。1976 年 7 月 28 日唐山地震，震级 7.8 级，震中烈度 11 度，唐山市房屋几乎全部倒塌，死亡 14.8 万人，伤 8.1 万人。北京、天津亦有塌房和伤亡。死伤人数共达 242769 人。2008 年 5 月 12 日汶川地震，震级 8 级，震中烈度 11 度，甘肃、陕西等省均受到波及，死亡 6.9 万人，伤 3.7 万人，失踪 1.8 万人。

2. 风灾

风灾包括台风和龙卷风等灾害。我国平均每年有 7 个台风在沿海登陆，往往带来狂风、暴雨、巨浪和海潮，形成灾害。1922 年 8 月 2 日汕头地区台风暴潮，汕头地区一片汪洋，汕头市内水深 3m，死亡 7 万多人，数十万人流离失所。1969 年

7月28日，汕头附近潮阳至惠东有一强台风登陆，冲决海堤180km，死亡1554人，直接经济损失1.98亿元。闽、苏、浙、沪也常受台风袭击，1998年8月7日，杭州受8807号台风袭击，西湖边80％的树木被吹倒，全市停水、停电、停产5天，100多人死亡，直接经济损失10亿元以上。

3. 水灾

水灾也是城市灾害中最严重的灾害之一。我国多数城市沿江河湖海分布，许多城市的地坪高程均位于江河洪水位之下，而城市的设防又多未达到国家防洪标准，因此城市水灾问题十分严重。我国在20世纪的最后10年中，水灾损失十分重大，1996年为2200亿元，1998年达2700亿元。

4. 地质灾害

地质灾害包括滑坡、崩塌、泥石流、地质沉陷等，易发生于山区城市。1998年洪汛期间，仅重庆市城区居民居住地带就发生崩塌27896起，滑体达50亿m^3，造成64.65万人受灾，死亡93人，经济损失11.34亿元。地面沉降多发生在平原城市，往往因超量抽取地下水引起。

二、本书旨在增强防灾减灾意识

（1）防灾减灾是城市建设可持续发展的前提和保证。

（2）必须加强灾害科学的研究与投入。

近年来，国家对城市防灾减灾工作更为重视，已取得一系列成果。在科研上有一定的投入。但与发达国家相比，我们在防灾减灾能力以及管理水平上，仍有一定差距。因此，必须加强灾害科学的研究，加大有关投入。可以开展以下几方面的工作：①确立减灾与增产并重的观念，全面开展灾情调查，加强城市灾害评估工作；②利用先进的科学技术推动减灾系统工程；③研究人口、资源、环境、灾害的关系，需求发展与减灾相协调的最佳方案；④促进自然灾害科学研究体系的发展；⑤研究灾害的综合管理系统。

（3）加强城市防灾减灾基础设施建设。

（4）城市防灾组织管理体系建设应予加强、完善。

城市灾害多种多样，由于自然因素和社会人文因素的交叉和交互影响，呈现错综复杂的势态。因此我们要从思想意识上增强防灾减灾的理念。

第 1 章　建筑抗震设计

Chapter 1
Construction Earthquake Resistance Design

第1章 建筑抗震设计

1.1 建筑与地震

1.1.1 概述

地震是自然界中威胁人类安全的主要灾害之一，它具有突发性强、破坏性大和比较难预测的特点。据统计，世界上每年都会发生数百万次的地震，其中，能够造成严重破坏的强烈地震每年发生近20次。如1976年我国河北省唐山地震，1994年的美国加州北岭地震，1995年的日本阪神地震等。目前，地震的监测预报还是世界性的难题，很难作出准确的临震预报，而且即使做到了震前预报，如果建筑及其设施的抗震性能薄弱，也难以避免经济损失。因此，有效的抗震设防是建筑防震减灾的关键性任务。

地震及其相关的基本概念：

1. 地球的构造

地球是一个平均半径为6400km的椭圆球体，至今已有45亿年的历史。研究表明，地球是由性质不同的三层构成：最外面是一层很薄的地壳，中间很厚的一层是地幔，最里面叫地核（图1-1）。地壳是由各种不均匀的岩石组成的。地球上绝大多数的地震都发生在地壳内。地壳以下的地幔，厚约2900km，它几乎占地球全部体积的5/6。本层除顶部外，其他由质地坚硬、结构比较均匀的橄榄岩组成。根据地震波速在地幔中的变化，推测地幔顶部物质呈熔融状态，并认为地幔物质在热作用下的对流，可能是地壳运动的根源。到现在为止，所观测到最深的地震是700多千米，这仅约为地球半径的1/10。可见，地震仅发生于地球的表面部分——地壳中和地幔上部。地核是地球的核心部分，球体半径为3500km。对地核的成分和状态，目前认识尚不十分清楚。地球内部的温度随深度增加而升高，从地表每深1km约升高30℃，但增长率随深度增加而减小。经推算，地下29km（多数地震发生在这个深度）深处温度约600℃，地幔上部（地下700km左右）温度约2000℃，地球内的高温主要是内部放射性物质不断释放热量的缘故，并

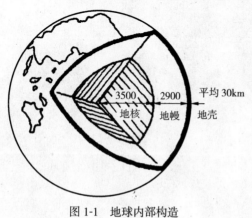

图1-1 地球内部构造

因其分布的不均匀性,导致了地幔内发生物质的对流。见图1-1。

2. 地震

地震,俗称地动,是一种自然现象。即因地下某处岩层突然破裂,或因局部岩层坍塌、火山喷发等引起的振动以波的形式传到地表引起地面的颠簸和摇动,这种地面运动称为地震。

地球内部发生地震的地方称为震源。震源在地球表面的投影,或者说地面上与震源正对着的地方称为震中。地面上任何一个地方到震中的距离称为震中距。震中附近的地区称为震中区。强烈地震时,破坏最严重的地区称为极震区。震源至地面的垂直距离(即震源到震中的距离),称为震源深度。

3. 地震的类型和成因

地震通常按照其成因可划分为三种主要类型:构造地震、火山地震和陷落地震,此外还有水库地震、爆炸地震、油田注水地震等类型。前三种为主要类型,其成因和影响见表1-1。建筑工程的抗震主要考虑构造地震,世界上已发生的地震90%以上属构造地震,构造地震成因见图1-2。

地震的主要类型、成因和影响　　　　表1-1

类型	成　因	影　响
构造地震	地球在运动和发展过程中,内部的能量(例如地幔对流、转速的变化等)使地壳和地幔上部的岩层产生很大的应力,日积月累,当地应力超过某处岩层强度极限时,岩层破坏,断裂错动,引起地面振动。如美国旧金山圣安德烈斯断层上1906年突然发生错动,在435km长的一段上,水平错距最大达6.4m	破坏性大,影响面广
火山地震	火山爆发引起地面振动	影响和破坏性均较小
陷落地震	地表或地下岩层突然大规模陷落和崩塌,如石灰石地区地下大溶洞的塌陷或古矿坑的塌陷等引起的地面振动	影响和破坏性均较小

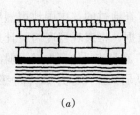 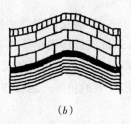 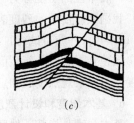

(a)　　　　　　　(b)　　　　　　　(c)

图1-2　构造地震成因

(a)正常状态;(b)产生应力;(c)岩层破坏

4. 地震波和震级

(1) 地震波　地震引起的振动以波的形式从震源向各个方向传播,这就是地震波。地震波是一种弹性波,它包含可以通过地球本体的两种"体波"和只限于地面附近传播的两种"面波"。

(2) 震级　地震震级 M 是表示地震大小或强弱的指标,是地震释放能量多少的尺度,它是地震的基本参数之一。其数值是根据地震仪记录的地震波图来确定。目前国际上比较通用的是里氏震级。它是以标准地震仪所记录的最小水平位移(即振幅,以 μm 记)的常用对数来表示该次地震震级。并用 M 表示,即

$$M=\log A$$

震级直接与震源释放能量的大小有关。震级 M 与地震释放能量 E(尔格)之间的关系为:

$$\log E=11.8+1.5M$$

震级每增加一级,能量增大 30 倍左右。一个七级的破坏性地震就相当于近 30 万个 2 万吨 TNT 的原子弹所具有的能量。

小于 2 级的地震,一般人们感觉不到,只有仪器才能记录下来,称作为微震。2~4 级为有感地震。5 级以上就会引起不同程度的破坏,称为破坏性地震;7 级以上则为强烈地震。震级的分类见表 1-2。

震 级 的 分 类　　　　表 1-2

震级	<2	2~4	>5	≥7	>8
分类	微震	有感地震	破坏性地震	强烈地震或大地震	特大地震

5. 地震烈度

地震烈度是指某一地区的地面及房屋建筑等遭受一次地震影响的强弱程度。一次地震的震级只有一个,而各地区由于距震中远近不同,地质情况和建筑情况亦不同,地震的影响也不一样,因而烈度不同,一般震中区烈度最大,离震中愈远烈度愈小。震中区的烈度称为"震中烈度"。

我国最新使用的烈度表是 1980 年国家地震局主持审查通过的《中国地震烈度表(1980)》,并颁布试行,为建筑抗震设计提供了工程数据,将宏观烈度与设计地震参数建立了联系。新烈度表既是表示地震后果的尺度,又是表示地面振动强弱的尺度,兼有宏观烈度表和定量烈度表的功能。地震烈度从弱到强共分为 12 个等级。

6. 基本烈度和设计烈度

基本烈度是指某一地区,在今后一定的时间内和一般的场地条件下,可能普遍遭遇到的最大地震烈度值。各个地区的基本烈度,是根据当地的地质地形条件和历史地震情况等,由有关部门确定的。

设计烈度,也称抗震设防烈度是建筑物抗震设计中实际采用的地震烈度。抗震设防烈度是根据建筑物的重要性,在基本烈度的基础上按区别对待的原则确定。

对于特别重要的建筑物,经国家批准,抗震设防烈度要按基本烈度提高一度采用。

所谓特别重要的建筑物,是指具有重大政治经济意义和文化价值的以及次生灾害特别严重的少数建筑物,这些建筑物必须保证具有特殊的安全度。

对于重要建筑物,设计烈度按基本烈度采用。所谓重要建筑物是指在使用上、生产上、政治经济上具有较大影响的,以及地震时容易产生次生灾害的,或一旦破坏后修复较困难的建筑物。如医院、消防、供水、供电等建筑物,地震发生时要保证救灾和人们生活的需要,电信、交通等建筑物则除上述原因外,还涉及国内国际影响,地震时不能中断使用;另外,重要企业中的主要生产厂房、极重要的物资贮备仓库、重要的公共建筑、高层建筑、住宅、旅馆等都属于重要的建筑物。

对于次要建筑物,设计烈度可比基本烈度降低一度采用。如一般仓库、人员较少的辅助建筑物等,为了避免有些建筑物在设计烈度降低后,地震时会有较大的破坏,甚至在高烈度时有倒塌的危险,它的抗震构造措施仍可按基本烈度考虑,以保证房屋的基本抗震要求。此外,为了保证属于大量的6度地区的建筑物都具有一定的抗震能力,当基本烈度为6度时设计烈度不降低。

对于临时性建筑物,可不考虑设防。

7. 地震的分布

据统计,地球上平均每年发生可以记录到的大小地震达500万次以上,其中有感地震(震级在2.5级以上)在15万次以上,而造成严重破坏的地震则不到20次,震级8级以上,震中烈度11度以上的毁灭性地震仅约2次。在上述这些地震中,小地震几乎到处都有,而大地震只发生在某些地区。

(1) 世界的地震活动概况 从1961年初到1967年末为止,根据世界各大洲7年内所发生的近30万次4级以上地震所编绘的"世界地震分布图",可以明显地看出地球上有二组主要的地震活动带,详见表1-3。

地球上的主要地震活动带　　　　表1-3

名　称	经　过　地　区	地震活动情况
环太平洋地震带	沿南北美洲西海岸、阿留申群岛转向西南至日本列岛,再经我国台湾而达菲律宾,新几内亚和新西兰	地震活动性强,全球约80%～90%的地震集中在这个带
地中海南亚地震带	西起大西洋的亚速岛,经意大利、土耳其、伊朗与印度北部、我国西部和西南地区、经缅甸至印度尼西亚与环太平洋地震带相衔接	地震活动较多

(2) 我国地震活动概况 我国地处两大地震带的中间,东临环太平洋地震带,西处喜马拉雅地中海地震带,是多地震的国家。历史上自公元前1831年开始有泰山地震记录至今,近四千年的记录表明,我国的地震分布相当广泛。从历史地震状况来看,全国除极个别的省份外(例如浙江、江西),绝大部分地区都发生过较强的破坏性地震,有不少地区现在地震活动还相当强烈,详见表1-4。

第1章 建筑抗震设计

我国的主要地震活动带　　　　　　　　　　表 1-4

名　称	经　过　地　区
南北地震带	北起贺兰山，向南经六盘山，穿越秦岭，沿川西至云南省东部，纵贯南北，长达2000多千米，宽度为数十至百余千米
东西地震带	主要的东西向构造有： 1. 北面的一个沿陕西、山西、河北北部的狼山、阴山、燕山向东延伸直到辽宁北部的千山一带。 2. 南面的一个自帕米尔起，经昆仑山、秦岭，直至大别山地区

我国西部地区地壳活动性大，新构造运动现象非常明显，因此我国西部地震活动较东部为强。东部地震主要发生在强烈凹陷下沉的平原或断陷盆地，以及近期活动的大断裂带附近，如汾渭地堑、河北平原、郯城—庐江大断裂带等，这也是东部华北地震区比其他两个地震区活动强烈的原因。

1.1.2 地震对建筑物的破坏作用

图 1-3　地震后建筑物破坏情况

地震对建筑物的破坏，不仅会造成巨大的经济损失，而且常能招致大量伤亡。弄清地震是怎样对建筑物造成破坏的，然后根据对客观规律的认识采取经济而有效的措施是建筑抗震设防的主要工作之一。图 1-3 为地震后建筑物的破坏情况。

1. 建筑物的动力特性

(1) 周期和刚度

各建筑物有其一定的刚度，以抵抗外力作用所引起的形变。当受到冲击，或者偏离平衡位置时，弹性力使它向反方向往返运动，形成振动。往返运动一次后仍回到原来位置，所需时间称为周期。

建筑物是弹性体，受力后将产生振荡。建筑物的自振周期决定于其高度、质量和刚度等因素。周期随高度和质量增加，但刚度增加时，周期减小，通常称周期较小的建筑物为刚性结构，周期较长者为柔性结构。

(2) 振型

建筑物在共振时的振动形状叫做振型。建筑物受力时，不仅以其基本周期产生第一振型的振动，而且还叠加有对应于第二、第三等周期的高振型振动。

(3) 地震时建筑物的振动

在不同类型建筑物的顶、底层和附近地表同时观测不太大的地震振动的结果说明：刚性建筑物的顶部和基础的运动与附近地表一般相同。中等刚度建筑物顶部振动的周期、相位和波形与基础或地下室几乎一致，但振幅随运动性质有 20%～

1.1 建筑与地震

70%的增加。柔性建筑物地下室或基础的振动很不规则，大致与地面的振动相似。但顶部运动其最大振幅可达地下室的2～3倍。

总的说来，在地震中，刚性建筑物的运动几乎与周围地面相同；柔性建筑物以其固有周期振动；而中等刚度的建筑物则介于两者之间。

（4）阻尼

建筑物振动时，由于材料的内摩擦、构件节点的摩擦以及外界阻力等原因，能量将有损耗。此外，一部分能量也会由地基逸散。所有这些能量耗散的原因，统称为建筑物的阻尼。

描述阻尼对结构振动影响的最简单表达方式是线性阻尼假定，即阻尼力与速度成正比例。这一假定对于理想的弹性体是适用的；至于对建筑结构是否正确，尚无足够的试验根据。但是，如果将线性阻尼力理解为一种当量阻尼力，则可调整阻尼系数，在一定条件下使某些力学量（如最大位移反应等）直接或间接地与结构的试验数据相符合，这样就可以近似地将线性阻尼假定应用于结构振动分析。

从振动的角度来看，建筑物是复杂的结构系统，严格地说，需要用一系列的参数来说明它的动力特性。在抗震工作中，通常只选用周期和阻尼这两个关系重大，而且易于计算或实测的动力参数来表示。建筑物的各个振型分别有其各自一定的周期和阻尼。

2. 在地震作用下导致建筑物破坏的因素

地震对建筑物的破坏作用是多种多样的，主要有三种因素：振动破坏、地基失效引起的破坏和次生效应引起的破坏。强烈的地表振动，可以直接破坏建筑物。在强烈振动作用下，有时会使地基承载力降低，饱和含水的粉砂、细砂层液化，导致地面下降、开裂、喷水、冒砂等，使地基失去稳定性或完全失效，损坏建筑物基础及其上部结构。地震引起的地裂、山崩、滑坡、泥石流等自然界现象，可以破坏地基，致使建筑物遭受严重破坏，甚至淹埋整个居民点。有时地震还导致海啸，侵袭滨海地区，冲走一切设施。

（1）振动破坏

震源地释放的能量，有一部分以弹性波形式向外传播，称为地震波。地震波引起的地面振动，通过基础传至建筑物，引起建筑物本身的振动。通常的建筑物是按静力设计和建造的，没有考虑动力影响。在振动作用下，虽然有些潜力，但是有一定的限度。当地震引起的振动强度超过极限时，就会造成破坏。

地震波由震源向外传播时，由于扩散和传播介质的吸收作用等，强度逐渐衰减。总的说来，破坏程度决定于地震力的大小。但是，由于地震波的频谱组成和延续时间以及建筑物的材料性质、动力特性、地基条件和地形等环境影响，地震振动对建筑物的破坏作用是很复杂的，破坏程度常由许多因素综合决定。如地震波的周期、共振作用，地基影响等。

① 地震波的周期

通常认为周期0.05～2s之间的振动对一般建筑物危害最大。例如振动周期

1s，振幅2.5cm，加速度约合0.1g的振动，只需几秒钟就能破坏质量较差的房屋；如果延续10s以上，对普通房屋可以造成重大破坏。

高频振动，例如小型爆炸所产生的每秒达300周的振动，振幅0.0025cm，一般不直接威胁建筑物的安全。

特别强烈的地震，即使在1000km以外，还能引起周期约20s，振幅在1cm以上的地表振动。由于周期很长，加速度很小，人们不能感觉，但是却能在水中引起相当的湖波。几百公里以外的大地震，有时可以引起现代化大城市中高层建筑物的共振，使上层的最大位移达20cm以上。这样大的位移，纵使加速度很小，也会造成损坏，特别是非结构性的破坏。

总的说来，足够大的加速度，相当大的位移和较长时间的持续振动，综合起来造成建筑物的主要破坏。

② 共振作用

在小振幅的短周期地面振动作用下，建筑物的上部基本保持不动。当地面振动和建筑物的周期相同时，产生共振，建筑物上部的位移可能超过地面运动许多倍。在长周期的地面振动作用下，顶层的加速度大于地面的加速度，这个差别和建筑物的变形随地面周期的增大而减小。有人在不同地基上的12栋完全一样的四层宿舍大楼的屋顶和底层安置了相同的地震仪，进行几个月的观测，记录到了许多微弱地震。分析结果，当地表振动最大振幅的周期（通常也就是地基的卓越周期）与房屋的周期相同时，屋顶和底层最大振幅之比达最大值。说明房屋对地震的反应，带有类似共振的性质。

③ 地基影响

无论强震破坏后果或仪器观测资料都充分说明，建筑场所的地基土质、下卧岩层的结构和深度、基础的类型和深度以及包括附近建筑物在内的地表地形特征等都对大地震时建筑物的破坏有影响。一般说来，坚实地基上的大多数结构物的破坏最轻，普通地基上通常要重些，软弱地基上的破坏最严重。对大多数类型的房屋来说，坚实地基优于松软地基。

比较深入细致的进一步研究说明，坚实地基的"可靠性"仅是一种相对的概念在某种条件下，会变成相反的意义。

坚实的地基是促进地震波剧烈扩散的媒介。地面振动引起建筑物的振动因而产生施加于建筑物质量上的惯性力，这是刚性建筑物破坏的主要原因。修建在松软土层上的刚性建筑物，由于它本身的整体性和地基的变形，在强烈地震时不会产生像周围土层那样大的加速度。

刚性建筑物修建在松软土上能减少振动的加速度，经实验证明，在振动台上，用砖石房屋模型进行的试验表明，坚实地基上的模型，其上部的水平振动加速度值比松软地基上的大56%。地基的压陷性是软地基上砖石房屋在强震时破坏较轻的原因。在大振幅的振动试验中可以看到，松土上刚性房屋的基础两侧轮番脱离地基强烈摇摆，地基受压变形，有时甚至成为马鞍状，上部建筑因而歪斜；但是，由于能量向地上消散，却减轻了建筑物本身所受的振动破坏。

柔性的木构架房屋周期较长，在强烈地震作用下，受到部分破坏后，周期的增大尤为突出。日本式的木房在倒塌前周期可以增至二三倍以上。松软地基上的地震频谱中，卓越周期较长，范围较广。因而在强震过程中与木结构房屋产生共振的机会较多，延续时间较长，造成破坏较重。

④ 竖直和旋转地震力的作用

地震引起的地面运动包含水平和竖直分量。竖直分量通常较水平分量小些。一般建筑物的竖向稳定性比较小，因此，通常只考虑水平向地震力的作用。但是，有些构件易受竖向地震加速度的损害，而其破坏又可能影响整个建筑物的抗震能力，需要特别注意。

松软地基上的烟囱和类似结构物易受围绕水平轴旋转的地震力的损害，某些构筑物易受围绕竖直轴旋转的地震力的损害。在研究这些建筑物的抗震问题时，都需要分别作特殊考虑。

⑤ 地基相对位移的作用

地震波传播需要时间，因此，在地震作用下，长度较大或大型结构物不同部分的地基之间有相位差，运动互不一致，可能引起上部结构的破坏。这种地基各部分的相对位移可能是弹性的，因而在地震过后地基仍能恢复原状。地质介面的两侧振动常有不同，因而通过分界面的道路、水渠和管线等容易遭受破坏。

⑥ 多次振动的效应

振动引起破坏的程度和规模，与震前建筑物的结构完整性有关。建筑物在遭受地震损伤后，如未认真修理，恢复原有强度，或者破坏未经查出，因而没有加固，都将降低抗震性能。在这种情况下，再次遭受地震，破坏必然较重。

(2) 地基失效引起的破坏

当加速度较小或地基坚实时，地表层具有弹性性质，当地基土的强度较小或加速度很大时，地表层或下垫层可能达到屈服点。这时，岩石、土层不再具有完全弹性性质，而将产生永久形变，导致地基承载力的下降、丧失以至变位、移动。岩石、土层的破坏消耗振动的能量使地面加速度减弱，因振动造成的建筑物破坏随之减小；但是，由于地基失效，又造成另一种地震灾害。

地基承载力下降的结果，将使建筑物下沉。地基的不均匀下沉和不同的水平变位将破坏建筑物的基础，使上部结构随之破坏。

(3) 次生效应引起的破坏

在陡峭的山区和丘陵地带，破碎的岩石和松散的表土，地震时往往与下卧岩石土层脱离，引起崩塌、滑坡或泥石流。地震前长时间降雨，使表层饱和含水，更易发生该类灾害。

规模巨大的崩塌和滑坡，可能摧毁上面的建筑物，掩埋坡下的居民点，造成大量破坏和伤亡。江河边坡的崩滑，有时阻塞水流，积成湖泊。水位上升，堆石溃决后湖水迅猛下泻，常能引起下游水灾。水库区发生大规模崩滑时，土石下泻，非但使水位上升且能激起巨浪，冲击水坝，威胁坝体安全。在地震振动作用下，湖泊、水库、港湾和河流等受限，水体中有时产生驻波(或称湖波)，也能破坏水工建筑。

尽管地震的破坏性极大，但也并非没有对策，通过科学家的努力研究，在建筑设计中采取适当措施是可以减少地震对建筑物的破坏作用，使人们更安全地居住。

1.2 建筑抗震基本原则

1.2.1 抗震设防的目标

抗震设防是指对建筑结构进行抗震设防并采取一定的抗震构造措施，以达到结构抗震的效果和目的。抗震设防的依据是抗震设防烈度。抗震设防必须贯彻执行《中华人民共和国建筑法》和《中华人民共和国防震减灾法》并实行以预防为主的方针，使建筑经抗震设防后，减轻建筑的地震破坏，避免人员伤亡，减少经济损失。

建筑结构的抗震设防目标，是对于建筑结构应具有的抗震安全性能的要求。即建筑结构物遭遇到不同水准的地震影响时，结构、构件、使用功能、设备的损坏程度及人身安全的总要求，具体的要求是：

(1) 当遭受低于本地区抗震设防烈度的多遇地震(50年内超越概率约为63.2%)时，一般不损坏或不需要修理可继续使用(通俗解释为"小震不坏")。

(2) 当遭受相当于本地区抗震设防烈度的影响(50年内超越为10%的烈度，即达到中国地震烈度区划图规定的地震基本烈度或新修订的中国地震动参数区划图规定的峰值加速度)时，可能损坏，一般修理或不需要修理仍可继续使用(通俗解释为"中震可修")。

(3) 当遭受高于本地区抗震设防烈度预估的罕遇地震影响(50年超越概率2%~3%的烈度)时，不致倒塌或发生危及生命的严重破坏(通俗解释为"大震不倒")。

1.2.2 建筑设防的分类标准

1. 建筑抗震设防类别划分，应根据下列因素综合确定

(1) 社会影响和直接、间接经济损失的大小。

(2) 城市的大小和地位、行业的特点、工矿企业的规模。

(3) 使用功能失效后对全局的影响范围大小。

(4) 结构本身的抗震潜力大小、使用功能恢复的难易程度。

(5) 建筑物各单元的重要性有显著不同时，可根据局部的单元划分类别。

(6) 在不同行业之间的相同建筑，由于所处地位及受地震破坏后产生后果及影响不同，抗震设防类别可不相同。

2. 建筑抗震设防类别，应根据其使用功能的重要性可分为甲类、乙类、丙类、丁类四个类别，其划分应符合下列要求

(1) 甲类建筑，重大建筑工程，地震时可能发生严重次生灾害的建筑。

(2) 乙类建筑，主要指使用功能不能中断或需尽快恢复的建筑。

(3) 丙类建筑，地震破坏后有一般影响及其他不属于甲、乙、丁类的建筑。

(4) 丁类建筑，地震破坏或倒塌不会影响甲、乙、丙类建筑，且社会影响、经济损失轻微的建筑。一般为储存物品价值低、人员活动少的单层仓库等建筑。

3. 各类建筑的抗震设防标准，应符合下列要求

(1) 甲类建筑，应按提高设防烈度一度设计（包括地震作用和抗震措施）。

(2) 乙类建筑，地震作用应按本地区抗震设防烈度计算。抗震措施，设防烈度为6~8度时应提高一度设计，当为9度时，应加强抗震措施。对较小的乙类建筑，可采用抗震性能好、经济合理的结构体系，并按本地区的抗震设防烈度采取抗震措施。乙类建筑的地基基础可不提高抗震措施。

(3) 丙类建筑，地震作用和抗震措施应按本地区设防烈度设计。

(4) 丁类建设，一般情况下，地震作用可不降低；当设防烈度为7~9度时，抗震措施可按本地区设防烈度降低一度设计，当为6度时可不降低。

1.2.3 抗震设计的基本原则

1. 合理选择场地和确定地基基础

(1) 选择建筑场地时，应根据工程需要，掌握地震活动情况、工程地质和地震的有关资料，对抗震有利、不利和危险地段作出综合评价。对不利地段，应提出避开要求，当无法避开时应采取有效措施；不应在危险地段建造甲、乙、丙类建筑。

(2) 建筑场地为Ⅰ类时，甲、乙类建筑应允许仍按本区抗震设防烈度的要求采取抗震构造措施；丙类建筑应允许按本地区抗震设防烈度降低一度的要求采取抗震构造措施，但抗震设防烈度为6度时仍应按本地区抗震设防烈度的要求采取抗震构造措施。

(3) 建筑场地为Ⅲ、Ⅳ类时，对设计基本地震加速度为 $0.15g$ 和 $0.30g$ 的地区，宜分别按抗震设防烈度8度和9度时各类建筑的要求采取抗震构造措施。

(4) 地基和基础设计应符合下列要求：

A. 同一结构单元的基础不宜设置在性质截然不同的地基上；

B. 同一结构单元不宜部分采用天然地基部分采用桩基；

C. 地基为软弱黏性土、液化土、新近填土或严重不均匀时，应估计地震时地基不均匀沉降或其他不利影响，并采取相应的措施。有关建筑场地的分类详见表1-5。

场地土的类型划分　　　　　表1-5

土的类型	土层剪切波速(m/s)
坚硬土或岩石	$v_s > 500$
中硬土	$500 \geq v_{se} > 250$
中软土	$250 \geq v_{se} > 140$
软弱土	$v_{se} \leq 140$

2. 全面规划，避免地震时发生次生灾害如火灾或爆炸等

非地震直接造成的灾害称为次生灾害。有时，次生灾害会比地震直接产生的灾害所造成的社会损失更大。避免地震时发生次生灾害，是抗震工作的一个很重要方面。

在地震区的建筑规划上，应使房屋不要建得太密，为使在地震发生后人口疏散和营救以及为抗震修筑临时建筑留有余地，房屋的距离以不小于 $1\sim1.5$ 倍房屋的高度为宜。要避免房高巷小，地震时由于房屋倒塌将通路堵塞。公共建筑物更应考虑防震的疏散问题，一般可与防火疏散同时考虑。

烟囱、水塔等高耸构筑物，应与居住房屋（包括锅炉房等）保持一定的安全距离。例如不小于构筑物高度的 $1/4\sim1/3$，以免一旦在地震后倒塌而砸坏其他建筑。

应该特别注意使易于酿成火灾、爆炸和气体中毒等次生灾害的工业建筑物远离人口稠密区，以防地震时发生爆炸、火灾等事故而造成更大的灾难。

3. 合理选择结构体系

(1) 结构体系应根据建筑的抗震设防类别、抗震设防烈度、建筑高度、场地条件、地基、结构材料和施工等因素，经技术、经济和使用条件综合比较确定。

(2) 结构体系应符合下列各项要求：应具有明确的计算简图和合理的地震作用传递途径。应避免因部分结构或构件破坏而导致整个结构丧失抗震能力或对重力荷载的承载能力。应具备必要的抗震承载力，良好的变形能力和消耗地震能量的能力。对可能出现的薄弱部位，应采取措施提高抗震能力。

(3) 结构体系尚宜符合下列各项要求：宜有多道抗震防线。宜具有合理的刚度和承载力分布，避免因局部或突变形成薄弱部位，产生过大的应力集中或塑性变形集中。结构在两个主轴方向的动力特性宜相近。

(4) 结构构件应符合下列要求：砌体结构应按规定设置钢筋混凝土圈梁和构造柱、芯柱或采用配筋砌体等。混凝土结构构件应合理地选择尺寸、配置纵向受力钢筋和箍筋，避免剪切破坏先于弯曲破坏、混凝土的压溃先于钢筋的屈服、钢筋的锚固粘结破坏先于构件破坏。预应力混凝土的抗侧力构件，应配有足够的非预应力钢筋。钢结构构件应合理控制尺寸、避免局部失稳或整个构件失稳。

(5) 结构各构件之间的连接，应符合下列要求：构件节点的破坏，不应先于其连接的构件。预埋件的锚固破坏，不应先于其连接的构件。装配式结构构件的连接，应能保证结构的整体性。预应力混凝土构件的预应力钢筋，宜在节点核心区以外锚固。

(6) 装配式单层厂房的各种抗震支撑系统，应保证地震时结构的稳定性。

4. 力求建筑体型简单、重量、刚度对称和均匀分布，避免立面、平面上的突然变化和不规则的形状

(1) 建筑设计应符合抗震概念设计的要求，不应采用严重不规则的设计方案。

(2) 建筑及其抗侧力结构的平面布置宜规则、对称，并应具有良好的整体性。建筑面积的立面和竖向剖面宜规则，结构的侧向刚度宜均匀变化，竖向抗侧力构件的截面尺寸和材料强度宜自下而上逐渐减小，避免抗侧力结构的侧向刚度和承载力突变。图1-4为建筑抗震的几个主轴方向。

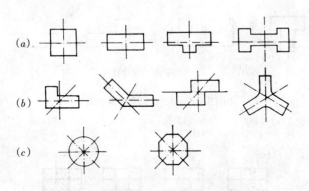

图 1-4 建筑抗震的几个主轴方向
(a)简单平面；(b)复杂平面；(c)塔形平面

当存在表1-6所列举的平面不规则类型或表1-7所列举的竖向不规则类型时，应满足下列的有关规定。图1-5为常用的对称建筑平面，图1-6为竖向不规则情况。

平面不规则的类型　　　　　　　　　　　　　　　　　表1-6

不规则类型	定　义
扭转不规则	楼层的最大弹性水平位移(或层间位移)，大于该楼层两端弹性水平位移(或层间位移)平均值的1.2倍
凹凸不规则	结构平面凹进的一侧尺寸，大于相应投影方面总尺寸的30%
楼板局部不连续	楼板的尺寸和平面刚度急剧变化，例如，有效楼板宽度小于该楼板典型宽度的50%，或开洞面积大于该层楼面面积的30%，或较大的楼层错层

竖向不规则的类型　　　　　　　　　　　　　　　　　表1-7

不规则类型	定　义
侧向刚度不规则	该层的侧向刚度小于相邻上一层的70%，或小于其上相邻三个楼层侧向刚度平均值的80%，除顶层外，局部收进的水平向尺寸大于相邻下一层的25%
竖向抗侧力构件不连续	竖向抗侧力构件(柱、抗震墙、抗震支撑)的内力由水平转换构件(梁、桁架等)向下传递
楼层承载力突变	抗侧力结构的层间受剪承载力小于相邻上一楼层的80%

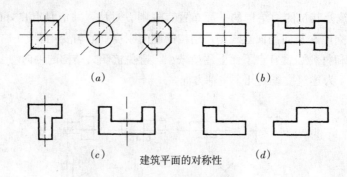

图1-5 对称建筑平面图
(a)多轴对称；(b)两轴对称；(c)一轴对称；(d)无轴对称

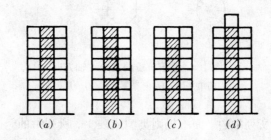

图1-6 竖向不规则图（对抗震不利的结构竖向布置）
(a)下部结构有变化；(b)中部结构有变化；(c)上部结构有变化；(d)上部有突出物

(3) 不规则的建筑结构，应按下列要求进行水平地震作用计算内力调整，并应对薄弱部位采用有效的抗震构造措施。

A. 平面不规则而竖向规则的建筑结构，应采用空间结构计算模型，并应符合下列要求：

a. 扭转不规则时，应计及扭转影响，且楼层竖向构件最大的弹性水平位移和层间位移分别不宜大于楼层两端弹性水平位移和层间位移平均值的1.5倍；

b. 凹凸不规则或楼板局部不连续时，应采用符合楼板平面内实际刚度变化的计算模型，当平面不对称时尚应计扭转影响。

B. 平面规则而竖向不规则的建筑结构，应采用空间结构计算模型，其薄弱层的地震剪力应乘以1.15的增大系数，应按规范有关规定进行弹塑性变形分析，并应符合下列要求。

a. 竖向抗侧力构件不连续时，该构件传递给水平转换构件的地震内力应乘以1.25~1.5的增大系数。

b. 楼层承载力突变时，薄弱层抗侧力结构的受剪承载力不应小于相邻上一楼层的65%。

C. 平面不规则且竖向不规则的建筑结构，应同时满足上述两点的要求。

(4) 砌体结构和单层工业厂房的平面不规则性和竖向不规则性，应分别符合下面有关章节的规定。

(5) 体型复杂、平立面特别不规则的建筑结构，可按实际需要在适当部位设置防震缝，形成多个较规则的抗侧力结构单元。如图1-7所示。

(6) 防震缝应根据抗震设防烈度、结构材料种类、结构类型、结构单元的高度和其他情况，留有足够的宽度，其两侧的上部结构应完全分开。

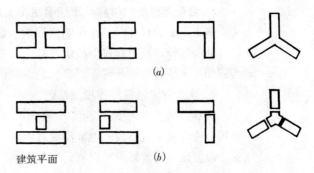

图1-7　防震缝设置后形成的结构单元
(a)对抗震不利的建筑平面；(b)用防震缝分割成独立建筑单元

当设置伸缩缝和沉降缝时，其宽度应符合防震缝的要求。

5. 保证结构整体性，使结构和连接部分具有较好的延性

整体性的好坏是建筑物抗震能力高低的关键。整体性好的房屋，空间刚度大，地震时，各部分之间互相连接，形成一个总体，有利于抗震。

整体性好的结构，除构件本身具有足够的承载力和刚度外，构件之间还要有可靠的连接。构件的连接除必须保证强度外，还要求超过弹性变形后，能保持相当的继续变形的能力——"延性"。结构的"延性"对结构吸收地震力的能量、减小作用在结构上的地震力具有重要的意义。

6. 处理好非结构中的连接问题

(1) 非结构构件，包括建筑非结构构件和建筑附属机电设备，自身及其与结构主体的连接，应进行抗震设计。

(2) 非结构构件的抗震设计，应由相关专业人员分别负责进行。

(3) 附着于楼、屋面结构上的非结构构件，必须与主体结构有可靠的连接或锚固，避免地震时倒塌伤人或砸坏重要设备。

(4) 围护墙和隔墙应考虑对结构抗震的不利影响，避免不合理设置而导致主体结构的破坏。

(5) 幕墙、装饰贴面与主体结构应有可靠连接，避免地震时脱落伤人。

(6) 安装在建筑上的附属机械、电气设备系统的支座和连接，应符合地震时使用功能的要求，且不应导致相关部件的损坏。

7. 必要时采用的隔震和消能减震设计

(1) 隔震和消能减震设计，主要应用于使用功能有特殊要求的建筑及抗震设防烈度为8度、9度的建筑。

(2) 采用隔震或消能减震设计的建筑，当遭遇到本地区的多遇地震影响、抗震设防烈度地震影响和罕遇地震影响时，其抗震设防目标应高于"小震不坏，中震可修，大震不倒"的规定。

8. 合理选择结构材料和正确确定施工方法

施工质量的好坏，直接影响房屋的抗震能力。设计中一方面要对材质、强度、临时加固措施、施工程序等提出要求，另一方面，也要从设计上为使施工中能保证实施和便于检查创造条件，以确保施工质量。

9. 建立建筑地震反应观测系统

抗震设防烈度 7 度、8 度、9 度时，高度分别超过 160m、120m、80m 的高层建筑，应设置建筑结构的地震反应观测系统，建筑设计应留有观测仪器和线路的位置，以便地震时收集资料以利研究。

1.3 多层和高层钢筋混凝土抗震设计

1.3.1 概述

近十年来我国城市建设迅速发展，在抗震设防区建造多层和高层钢筋混凝土房屋日益增多，对如何增强这些房屋的抗震能力，我国也进行了详细的研究，并掌握了一定的工程设计经验。

1. 钢筋混凝土框架房屋的震害

钢筋混凝土框架房屋是我国工业与民用建筑较常用的结构形式，层数一般在十层以下，多数为五、六层。在我国的历次大地震中，这类房屋的震害比多层砌体房屋要轻得多。但是，未经抗震设防的钢筋混凝土框架房屋也存在不少薄弱环节。钢筋混凝土框架房屋震害的主要原因是：

(1) 结构层间屈服强度有明显的薄弱楼层　钢筋混凝土框架结构在整体设计上存在较大的不均匀性，使得这些结构存在着层间屈服强度特别弱的楼层。在强烈地震作用下，结构的薄弱楼层率先屈服、发展弹塑性变形，形成塑性变形集中的现象，可导致楼体全部倒塌。

(2) 柱端与节点的破坏较为突出　框架结构的构件震害一般是梁轻柱重，柱顶重于柱底，尤其是角柱和边柱更易发生破坏。除剪跨比小的短柱（如楼梯间平台柱等）易发生柱中剪切破坏外，一般柱是柱端的弯曲破坏，轻者发生水平或斜向断裂；重者混凝土压酥，主筋外露、压屈和箍筋崩脱。当节点核芯区无箍筋约束时，节点与柱端破坏合并加重。当柱侧有强度高的砌体填充墙紧密嵌砌时，柱顶剪切破坏加重，破坏部位还可能转移到窗（门）洞上下处，甚至出现短柱的剪切破坏。

(3) 砌体填充墙的破坏较为普遍　砌体填充墙刚度大而承载力低，首先承受地震作用而遭受破坏，在 8 度和 8 度以上地震作用下，填充墙的裂缝明显加重，甚至部分倒塌，震害规律一般是上轻下重，空心砌体墙重于实心砌体墙，砌块墙重于砖墙。

(4) 防震缝的震害也很普遍　以往抗震设计者多主张将复杂、不规则的钢筋混凝土结构房屋用防震缝划分成较规则的单元。由于防震缝的宽度受到建筑装饰等要求限制，往往难以满足强烈地震时实际侧移量，从而造成相邻单元间碰撞而产生震害。天津友谊宾馆主楼东西段间设有150mm宽度的防震缝，完全满足原抗震规范规定，仍发生了相互碰撞，造成较重的震害。

2. 高层钢筋混凝土抗震墙结构和钢筋混凝土框架—抗震墙结构房屋的震害

历次地震震害表明，高层钢筋混凝土抗震墙结构和高层钢筋混凝土框架—抗震墙房屋具有较好的抗震性能，其震害一般比较轻，其震害主要特点是：

（1）设有抗震墙的钢筋混凝土结构有良好的抗震性能　1972年12月23日尼加拉瓜都发生6.25级地震，震中距市区很近，最大水平加速度为$0.2\sim 0.4g$。市中心有两幢相距甚近的高层建筑，五层的中央银行为柔性的框架结构，破坏严重，八层的美洲银行为抗震墙结构，只受到轻微破坏。通过实际震害分析，人们普遍认识设置抗震墙的钢筋混凝土结构，其抗震效果远比柔性框架好，所以对建筑装修要求较高的房屋和高层建筑应优先采用框架—抗震墙结构或抗震墙结构。

框架—抗震墙结构和框支层应有适量的抗震墙，并且合理分配各抗侧力构件之间抗震能力。

（2）连梁和墙肢底层的破坏是抗震墙的主要震害　开洞抗震墙中由于洞口应力集中，连系梁端部极为敏感，在约束弯距作用下，易在连系梁端部形成垂直方向的弯曲裂缝。

当连系梁跨高比较大时（跨度l与梁高d之比），梁以受弯为主，可能出现弯曲破坏。

多数情况下抗震墙往往具有剪跨比较小的高梁。除了端部很容易出现垂直的弯曲缝外，还很容易出现斜向的剪切裂缝。当抗剪箍筋不足或剪应力过大时，可能很早就剪切破坏使墙肢间丧失联系，抗震墙承载能力降低。

1.3.2 多层和高层钢筋混凝土房屋的抗震设计

1. 钢筋混凝土房屋适用的最大高度

从既安全又经济的抗震设计原则出发，确定多层和高层钢筋混凝土房屋的最大适用的高度是很有意义的。现浇钢筋混凝土结构类型和最大高度应符合表1-8的要求。平面和竖向均不规则的结构或建造于Ⅳ类场地的结构，适用的最大高度应适当降低。

现浇钢筋混凝土房屋适用的最大高度（m）　　表1-8

结构类型	烈　度			
	6	7	8	9
框　架	60	55	45	25
框架—抗震墙	130	120	100	50
抗震墙	140	120	100	60
部分框支抗震墙	120	100	80	不应采用

续表

结构类型	烈度			
	6	7	8	9
框架—核心筒	150	130	100	80
筒中筒	180	150	120	80
板柱—抗震墙	40	35	30	不应采用

注：1. 房屋高度指室外地面到主要屋面板板顶的高度（不包括局部突出屋顶部分）。
2. 框架—核心筒结构指周边稀柱框架与核心筒组成的结构。
3. 部分框支抗震墙结构指首层或底部两层框支抗震墙结构。
4. 乙类建筑可按本地区抗震设防烈度确定适用的最大高度。
5. 超过表内高度的房屋，应进行专门研究和论证，采取有效的加强措施。

2. 抗震等级

钢筋混凝土房屋应根据烈度、结构类型和房屋高度采用不同的抗震等级，并应符合相应的计算和构造措施要求。丙类建筑的抗震等级应按表1-9确定。

现浇钢筋混凝土房屋的抗震等级 表1-9

结构类型		烈度						
		6		7		8		9
		≤30	>30	≤30	>30	≤30	>30	≤25
框架结构	框架	四	三	三	二	二	一	一
	剧场、体育馆等大跨度公共建筑	三		二		一		一
		≤60	>60	≤60	>60	≤60	>60	≤50
框架—抗震墙结构	框架	四	三	三	二	二	一	一
	抗震墙	三		三	二	二	一	一
		≤80	>80	≤80	>80	≤80	>80	≤60
抗震墙结构	抗震墙	四	三	三	二	二	一	一
部分框支抗震墙结构	抗震墙	三		三	二	二	一	
	框支层框架	二		二		一		
筒体结构	框架—核心筒 框架	三		二		一		一
	框架—核心筒 核心筒	二		二		一		一
	筒中筒 外筒	三		二		一		一
	筒中筒 内筒	三		二		一		一
板柱—抗震墙结构	板柱的柱	三		二		二		
	抗震墙	二		二		二		

注：1. 建筑场地为 I 类时，除6度外可按表内降低一度所对应的抗震等级采取抗震构造措施，但相应的计算要求不应降低。
2. 接近或等于高度分界时，应允许结合房屋不规则程度及场地、地基条件确定抗震等级。
3. 部分框支抗震墙结构中，抗震墙加强部位以上的一般部位，应允许按抗震墙结构确定其抗震等级。
4. 抗震设防类别为甲、乙、丙类的建筑，应按第二节的规定和表1-9确定抗震等级。其中，8度乙类建筑高度超过表1-9规定的范围时，应经专门研究采取比一级更有效的抗震措施。

注：本章节"一、二、三、四"即"抗震等级为一、二、三、四级"的简称。

3. 关于防震缝的有关规定

高层钢筋混凝土房屋宜避免采用体型不规则建筑结构方案。体型不规则时，应按需要设置防震缝，其最小宽度应符合下列规定：

（1）框架结构房屋的防震缝宽度，当高度不超过15m时可采用70mm，超过15m时，6度、7度、8度、9度相应每增加高度5m、4m、3m和2m，宜加宽20mm。

（2）框架—抗震墙结构房屋的防震缝宽度可采用(1)项规定数值的70%，抗震墙结构房屋的防震缝宽度可采用(1)项规定数值的50%，且均不宜小于70mm。

（3）防震缝两侧结构类型不同时，宜按需要较宽防震缝的结构类型和较低房屋高度确定缝宽。

（4）2度、8度、9度框架结构房屋防震缝两侧结构高度、刚度或层高相差较大时，可在缝两侧房屋的尽端沿全高设置垂直于防震缝的抗撞墙，每一侧抗撞墙的数量不应少于两道，宜分别对称布置，墙肢长度可不大于一个柱距，框架和抗震墙的内力应按设置和不设置抗撞墙两种情况分别进行分析，并按不利情况取值。防震缝两侧抗撞墙的端柱和框架的边柱，箍筋应沿房屋全高加密。

4. 关于抗震墙的设置

根据前述震害经验，设置适当的抗震墙将增强钢筋混凝土框架结构的抗震能力，在抗震墙的设置中，要特别注意以下情况：

（1）框架结构和框架—抗震结构中，框架和抗震墙均应双向设置，柱中线与抗震墙中线、梁中线与柱中线之间偏心距不宜大于柱宽的1/4。

（2）框架—抗震墙结构中的抗震墙位置，宜符合下列要求：

A. 抗震墙宜贯通房屋全高，且横向与纵向的抗震墙宜相连。

B. 抗震墙宜设置在墙面不需要开大洞口的位置。

C. 房屋较长时，刚度较大的纵向抗震墙不宜设置在房屋的端开间。

D. 抗震墙洞宜上下对齐，洞边距端柱不宜小于300mm。

E. 一、二级抗震墙的洞口连梁，跨度比不宜大于5，且梁截面高度不宜小于400mm。

（3）抗震墙结构和部分框支抗震墙结构中的抗震墙设置，应符合下列要求：

A. 较长的抗震墙宜开设洞口，将一道抗震墙分成长度较均匀的若干墙段，洞口连梁的跨高比宜大于6，各墙段的高宽比不应小于2。

B. 墙肢的长度沿结构全高不宜有突变，抗震墙有较大洞口时，以及一、二级抗震墙的底部加强部位，洞口宜上下对齐。

C. 矩形平面的部分框支抗震墙结构，其框支层的楼层侧向刚度不应小于相邻非框支层楼层侧向刚度的50%；框支层落地抗震墙间距不宜大于24m，框支层的平面布置尚宜对称，且宜设抗震筒体。

(4) 部分框支抗震墙结构的抗震墙,其底部加强部位的高度,可取框支层加框支层以上二层的高度及落地抗震墙总高度的 1/8 二者的较大值,且不大于 15m;其他结构的抗震墙,其底部加强部位的高度可取墙肢总高度的 1/8 和底部二层二者的较大值,且不大于 15m。

5. 关于砖盖、屋盖

(1) 框架—抗震墙和板柱—抗震墙结构中,抗震墙之间无大洞口的楼、屋盖的长宽比,不宜超过表 1-10 的规定,超过时,应计入楼盖平面内变形的影响。

抗震墙之间楼—屋盖的长宽比   表 1-10

楼、屋盖类型	烈度			
	6	7	8	9
现浇、叠合梁板	4	4	3	2
装配式楼盖	3	3	2.5	不宜采用
框支层和板柱—抗震墙的现浇梁板	2.5	2.5	2	不宜采用

(2) 采用装配式楼屋盖时,应采取措施保证楼、屋盖的整体性及其抗震墙的可靠连接,采用配筋现浇面层加强时,厚度不宜小于 50mm。

6. 关于基础和地下室

(1) 框架单独柱基有下列情况之一时,宜沿两个主轴方向设置基础系梁:

一级框架和Ⅳ类场地的二级框架;各柱基承受的重力荷载代表值差别较大;基础埋置较深,或各基础埋置深度差别较大;地基主要受力层范围内存在弱软黏性土层、液体土层和严重不均匀土层。

(2) 框架—抗震墙结构中的抗震墙基础和部分框支抗震结构的落地抗震墙基础,应有良好的整体性的抗转动的能力。

(3) 主楼与裙房相连且采用天然地基,除应符合《建筑抗震设计规范》的规定外,在地震作用下主楼基础底面不宜出现零应力区。

(4) 地下室顶板作为上部结构的嵌固部位时,应避免在地下室顶板开设大洞口,并应采用现浇梁板结构,其楼板厚度不宜小于 180mm,混凝土强度等级不宜小于 C30,应采用双层双向配筋,且每层每个方面的配筋率不宜小于 0.25%。地下室结构的楼层侧向刚度不宜小于相邻上部楼层侧向刚度的 2 倍,地下室柱截面每侧的纵向钢筋面积,除应满足计算要求外,不应少于地上一层对应柱每侧纵筋面积的 1.1 倍。地上一层的框架结构柱和抗震墙墙底截面的弯矩设计值应符合《建筑抗震设计规范》的有关规定,位于地下室顶板的梁柱节点左右梁端截面实际受弯承载力之和不宜小于上下柱端实际受弯承载力之和。

7. 关于填充墙的要求

钢筋混凝土结构中的砌体填充墙,宜与柱脱开或采用柔性连接,并应符合下列要求。

(1) 填充墙在平面和竖向的布置，宜均匀对称，宜避免形成薄弱层或短柱；

(2) 砌体的砂浆强度等级不应低于 M5，墙顶应与框架梁密切结合；

(3) 填充墙应沿框架柱全高每隔 500mm 设 $2\phi 6$ 拉筋，拉筋伸入墙内的长度，6度、7度时不应小于墙长的 1/5 且不小于 700mm，8度、9度时宜沿墙全长贯通；

(4) 墙长大于 5m 时，墙顶与梁宜有拉结，墙长超过层高 2 倍时，宜设置钢筋混凝土构造柱。墙高超过 4m 时，墙体半高宜设置与柱连接且沿墙全长贯通的钢筋混凝土水平系梁。

1.3.3 抗震构造措施

多层和高层钢筋混凝土关于抗震的构造措施非常繁复，下面仅选择了一些建筑设计人员应基本掌握的相关要点。

1. 框架结构

(1) 梁的截面尺寸，宜符合下列各项要求：截面宽度不宜小于 200mm；截面高宽比不宜大于 4；净跨与截面高度之比不宜小于 4。

(2) 采用梁宽大于柱宽的扁梁时，楼板应现浇，梁中线宜与柱中线重合，扁梁应双向布置，且不宜用于一级框架结构，扁梁的截面尺寸应符合下列要求，并且满足现行有关规范对挠度和裂缝宽度的规定

$$b_b \leqslant 2b_c$$

$$b_b \leqslant b_c + h_b$$

$$h_b \geqslant 16d$$

式中　b_c——柱截面宽度，圆形截面取柱直径的 0.8 倍；

h_b、b_b——分别为梁截面宽度和高度；

d——柱纵筋直径。

(3) 梁的钢筋配置，应符合下列各项要求：梁端纵向受拉钢筋的配筋率不应大于 2.5%，且计入受压钢筋的梁端混凝土受压区高度和有效高度之比，一级不应大于 0.25，二、三级不应大于 0.35。梁端截面的底面和顶面纵向钢筋配筋量的比值，除按计算确定外，一级不应小于 0.5，二、三级不应小于 0.3。梁端箍筋加密区的长度，箍筋最大间距和最小直径就按表 1-11 采用，当梁端纵向受拉钢筋配筋率大于 2% 时，表中箍筋最小直径数应增大 2mm。

(4) 梁的纵向钢筋配置，尚应符合下列各项要求：沿梁全长顶面和底面的配筋，一、二级不应少于 $2\phi 14$，且分别不应少于梁两端顶面和底面纵向配筋中较大截面面积的 1/4，三、四级不应少于 $2\phi 12$；一、二级框架梁内贯通中柱的每根纵向钢筋直径，对矩形截面柱，不宜大于柱在该方向截面尺寸的 1/20；对圆形截面柱，不宜大于纵向钢筋所在位置柱截面弦长的 1/20。

梁端箍筋加密区的长度，箍筋的最大间距和最小直径　　表 1-11

抗震等级	加密区长度（采用较大值）(mm)	箍筋最大间距（采用最小值）(mm)	箍筋最小直径(mm)
一	$2h_b$, 500	$h_b/4$, $6d$, 100	10
二	$1.5h_b$, 500	$h_b/4$, $8d$, 100	8
三	$1.5h_b$, 500	$h_b/4$, $8d$, 150	8
四	$1.5h_b$, 500	$h_b/4$, $8d$, 150	6

注：d 为纵向钢筋直径，h_b 为梁截面高度。

（5）梁端加密区的箍筋肢距，一级不宜大于 200mm 和 20 倍箍筋直径的最大值，二、三级不宜大于 250mm 和 20 倍箍筋直径的较大值，四级不宜大于 300mm。

（6）柱的截面尺寸，宜符合下列各项要求：截面的宽度和高度均不宜小于 300mm；圆柱直径不宜小于 350mm。剪跨比宜大于 2。截面长边与短边的边长比不宜大于 3。

2. 抗震墙结构

（1）抗震墙的厚度，一、二级不应小于 160mm，且不应小于层高的 1/20，三、四级不应小于 140mm，且不应小于层高的 1/25。底部加强部位的墙厚，一、二级不宜小于 200mm，且不宜小于层高的 1/16；无端柱或翼墙时不应小于层高的 1/12。

（2）抗震墙厚度大于 140mm 时，竖向和横向分布钢筋应双排布置，双排分布钢筋间拉筋的间距不应大于 600mm，直径不应小于 6mm。在底部加强部位，边缘构件以外的拉筋间距应适当加密。

（3）抗震墙两端和洞口两侧应设置边缘构件，边缘构件包括暗柱、端柱和翼墙。

（4）抗震墙的墙肢长度不大于墙厚的 3 倍时，应按柱的要求进行设计，箍筋应沿全高加密。

（5）一、二级抗震墙跨高比不大于 2 且墙厚不小于 200mm 的连梁，除普通箍筋外宜另设斜向交叉构造钢筋。

（6）顶层连梁的纵向钢筋锚固长度范围内，应设置箍筋。

3. 框架—抗震墙结构

（1）抗震墙的厚度不应小于 160mm 且不应小于层高的 1/20，底部加强部位的抗震墙厚度不应小于 200mm 且不应小于层高的 1/16，抗震墙的周边应设置梁（或暗梁）和端柱组成的边框；端柱截面宜与同层框架柱相同，并应满足框架结构抗震构造措施对框架柱的要求，抗震墙底部加强部位的端柱和紧靠抗震墙洞口的端柱宜按柱箍筋加密区的要求沿全高加密箍筋。

(2) 抗震墙的竖向和横向分布钢筋，配筋率均不应小于 0.25%，并应双排布置，拉筋间距不应大于 600mm，直径不应小于 6mm。

(3) 8 度时宜采用有托板或柱帽的板柱节点，托板或柱帽根部的厚度（包括板厚）不宜小于柱纵筋直径的 16 倍。托板或柱帽的边长不宜小于 4 倍板厚及柱截面相应边长之和。

(4) 房屋的屋盖和地下一层顶板，宜采用梁板结构。

(5) 板柱—抗震墙结构的抗震墙，应承担结构的全部地震作用，各层板柱部分应满足计算要求，并应能承担不少于各层全部地震作用的 20%。

(6) 板柱结构在地震作用下按等代平面框架分析时，其等代梁的宽度宜采用垂直于等代平面框架方向柱距的 50%。

(7) 无柱帽平板宜在柱上板带中设构造暗梁，暗梁宽度可取柱宽及柱两侧各不大于 1.5 倍板厚。暗梁支座上部钢筋面积应不小于柱上板钢筋面积的 50%，暗梁下部钢筋不宜少于上部钢筋的 1/2。

(8) 无柱帽柱上板带的板底钢筋，宜在距柱面为 2 倍纵筋锚固长度以外搭拉，钢筋端部宜有垂直于板面的弯钩。

(9) 沿两个主轴方面通过柱截面的板底连续钢筋的总截面面积，应符合下式要求

$$A_s \geqslant N_G/F_y$$

式中 A_s——板底连续钢筋总截面面积；

N_G——在该层楼板重力荷载代表值作用下的柱轴压力设计值；

F_y——楼板钢筋的抗拉强度设计值。

4. 筒体结构

(1) 框架—核心筒结构应符合下列要求：

A. 核心筒与框架之间的楼盖宜采用梁板体系。

B. 低于 9 度采用加强层时，加强层的大梁或桁架应与核心筒内的墙肢贯通，大梁或桁架与周边框架柱的连接宜采用铰接或半刚性连接。

C. 结构整体分析应计入加强层变形的影响。

D. 9 度时不应采用加强层。

E. 在施工程序及连接构造上，应采取措施减小结构竖向温度变形及轴向压缩对加强层的影响。

(2) 框架—核心筒结构的核心筒，筒中筒结构的内筒，其抗震墙应符合抗震墙结构的有关规定，且抗震墙的厚度、竖向和横向分布钢筋应符合 1.3.3 的规定，筒体底部加强部位及相邻上一层不应改变墙体厚度。一、二级筒体角部的边缘构件应按下列要求加强。底部加强部位，约束边缘构件沿墙肢的长度应取墙截面高度的 1/4，且约束边缘构件范围内应全部采用箍筋，底部加强部位以上

的全高范围内宜设置约束边缘构件，约束边缘构件墙肢的长度仍取墙肢截面高度的 1/4。

（3）内筒的门洞不宜靠近转角。

（4）楼层梁不宜集中支承在内筒或核心筒的转角处，也不宜支承在洞口连梁上，内筒或核心筒支承楼层梁的位置宜设暗柱。

（5）一、二级核心筒和内筒跨高比不大于 2 的连梁，当梁截面宽度不小于 400mm 时，宜采用交叉暗柱配筋，全部剪力应由暗柱的配筋承担，并按框架构造要求设置普通箍筋，当梁截面宽度小于 400mm 且不小于 200mm 时，除普通箍筋外，宜另加设交叉的构造钢筋。

1.4 多层砌体房屋和底部框架、内框架房屋的抗震设计

1.4.1 概述

多层砌体房屋是我国居住、办公、学校和医院等建筑中最为普通的结构形式。目前主要是黏土砖、砌块、石块通过砂浆砌成承重墙体和各种混凝土楼板组成的结构。

墙体材料以往采用普通黏土砖，20 世纪 60～70 年代后，新的墙体材料有较大的发展。由于目前常用墙体材料为脆性，其整体性能差，使得砌体房屋的抗震性能相对比较低。在历次大地震中，未经合理抗震设计的多层砌体房屋遭到了不同程度的破坏。在唐山大地震中，多层砌体房屋的破坏更为严重，造成了大量的倒塌。海城和唐山大地震以后，我国抗震设计和科研工作者对砌体房屋的抗震性能进行了大量的试验和理论研究，深入探讨了砌体房屋的抗震性能，提出了改善这类房屋抗震性能和增加抗震能力的有效措施，形成了多层砌体房屋实现"小震"不坏、设防烈度可修、"大震"不倒的抗震设计方法。

1.4.2 多层砖房的主要震害特征

在砖砌体房屋中，砖墙既是承重构件又是抵抗水平地震作用的构件。而砌筑砖墙的砖和砂浆都是脆性材料，抗震性能差，在 6 度地震作用时少量墙体就会出现裂缝，随着地震作用的增强，其房屋破坏的程度明显增强、房屋破坏的数量明显增多。

多层砖房是我国量大面广的建筑，在历次的地震中遭受到不同程度的破坏，震害的经验教训比较丰富。总结震害的经验教训，对于我们搞好砌体房屋的抗震设计具有十分重要的意义。其主要震害特点：

（1）墙体的破坏。主要是墙体的抗剪承载力不足，在地震作用下砖墙首先出现斜向交叉裂缝，如果墙体的高宽比接近 1，则墙体呈现 X 形交叉裂缝；若墙体的高宽比更小，则在墙体中间部位出现水平裂缝。在房屋四角墙面上由于两个水平方向

1.4 多层砌体房屋和底部框架、内框架房屋的抗震设计

的地震作用，出现双向斜裂缝。随着地面运动的加剧，墙体破坏加重，直至丧失承受竖向荷载的能力，使楼（屋）盖坍落。

（2）窗间墙和墙垛的破坏。比较细高的窗间墙受剪弯双重作用，产生水平断裂。

（3）纵横墙的连接破坏。主要是墙体间联结薄弱。表现为内外墙交接面产生竖向裂缝，以至为纵墙向外倾斜或倒塌。

（4）墙体刚度变化和应力集中的部位，如楼梯间、墙角和烟道等削弱的墙体易破坏和倒塌。

（5）少量房屋产生整体弯曲破坏，表现为底层窗台上产生水平裂缝和横墙门洞过梁裂缝。

（6）整体稳定性不好的附属物，如女儿墙和屋顶烟囱等，也容易破坏和倒塌。

1.4.3 多层砌体房屋的一般抗震设计

总结多层砌体房屋的震害经验，不难得出多层砌体房屋产生震害的原因为：一是砖墙的抗剪承载力不足，在地震时，砖墙产生裂缝和错位，甚至局部崩落；二是结构体系和构造布置存在缺陷，内外墙之间及楼板与砖墙之间缺乏可靠的联结，房屋的整体抗震能力差，砖墙发生倾倒等。因此，在多层砌体房屋的抗震设计中，进行墙体承载力验算是一个重要的方面，另一方面是为了使多层砌体房屋做到"大震不倒"的抗震设防目标，特别要注意合理的建筑结构布置和抗震构造要求。

1. 建筑平、立面布置

大量的震害表明，房屋为简单的长方体的各部位受力比较均匀，薄弱环节比较少，震害程度要轻一些。因此，房屋的平面最好为矩形。即使是 L 形、Π 形等平面，由于扭转和应力集中等影响而加重震害。体型更复杂的就更难避免扭转的影响和变形不协调的现象产生。复杂的立面造成的附加震害更为严重。比如局部突出的小建筑，在 6 度区房屋的主体结构无明显破坏的情况下，有不少突出部分发生了相当严重的破坏。

2. 房屋适用高度和最大高宽比

大量的震害表明，无筋的砌体房屋总高度超高或层数越多，破坏就越严重。在唐山地震中四层以上的多层砖房严重破坏和倒塌的百分比较二、三层的多一些。建筑抗震规范根据震害经验的总结和对多层砌体结构抗震性能的分析研究，对多层砌体房屋采用总高度与层数双控，砖和砌块承重房屋的层高不应超过 3.6m。对于医院、教学楼等横墙较少的砌体房屋，总高度应降低到 3m，总层数应减少一层，这里指的横墙较少是同一层内开间大于 4.2m 的房间面积占该层总面积的 40% 以上；对各横墙间距虽满足最大间距要求但横墙很少的房屋，应根据具体情况再适当降低房屋的总高度和总层数。对于横墙较少的多层砌体住宅楼，当采取加强措施并满足抗震承载力要求时，其高度和层数可按表 1-12 采用。

第1章 建筑抗震设计

房屋的层数和总高度限值(m) 表 1-12

房屋类别		最小墙厚度(mm)	烈 度							
			6		7		8		9	
			高度	层数	高度	层数	高度	层数	高度	层数
多层砌块	普通砖	240	24	8	21	7	18	6		4
	多孔砖	240	21	7	21	7	18	6	12	4
	多孔砖	190	21	7	18	6	15	5	—	—
	小砌块	190	21	7	21	7	18	6	—	—
底部框架— 抗震墙多排柱 内框架		240	22	7	22	7	19	6	—	—
		240	16	5	16	5	13	4	—	—

注：1. 房屋的总高度指室外地面到主要屋面板板顶或檐口的高度，半地下室从地下室室内地面算起，全地下室和嵌固条件好的半地下室应允许从室外地面算起；对带阁楼的坡屋面应算到山尖墙的1/2高度处。
2. 室内外高差大于0.6m时，房屋总高度应允许比表中数据适当增加，但不应多于1m。
3. 本表小砌块砌体房屋不包括钢筋混凝土小型空心砌块砌体房屋。

建筑抗震设计规范对多层砌体房屋不要求作整体弯曲的承载力验算，但多层砌体房屋整体弯曲破坏的震害是存在的。为了使多层砌体房屋有足够的稳定性和整体抗弯能力，对房屋的高宽比应满足：6度、7度时不大于2.5，8度时不大于2.0，9度时不大于1.5，对于点式、墩式建筑的高宽比宜适当减小。计算房屋宽度时，外廊式和单面走廊的房屋不包括走廊宽度。

在计算房屋高宽比时，房屋宽度是就房屋的总体宽度而言，局部突出或凹进不受影响，横墙部分不连续或不对齐不受影响。具有外走廊或单面走廊，房屋宽度不包括走廊宽度，但有的因此而不能满足高宽比限值可适当放宽。见表1-13。

房屋最大高宽比 表 1-13

烈 度	6	7	8	9
最大高宽比	2.5	2.5	2.0	1.5

注：1. 单面走廊房屋的总宽度不包括走廊宽度。
2. 建筑平面接近正方形时，其高宽比宜适当减小。

3. 房屋结构体系要合理

多层砌体房屋的合理抗震结构体系，对于提高其整体抗震能力是非常重要的，是抗震设计应考虑的关键问题。

（1）应优先采用横墙承重或纵横墙共同承重的结构体系

纵墙承重的砌体结构，由于楼板的侧边一般不嵌入横墙内，横向地震作用有很少部分通过板的侧边直接传至横墙,而大部分要通过纵墙经由纵横墙交接面传至横墙。因而,地震时外纵墙因板与墙体的拉结不良而成片向外倒塌,楼板也随之坠落。横墙由于为非承重墙,受剪承载能力降低,其破坏程度也比较重。

地震震害经验表明,由于横墙开洞少,又有纵墙作为侧向支承,所以横墙承重的多层砌体结构具有较好的传递地震作用的能力。

纵横墙共同承重的多层砌体房屋可分为两种,一种是采用现浇板,另一种为采用预制短向板的大房间。其纵横墙共同承重的房屋既能比较直接地传递横向地震作用,也能直接或通过纵横墙的连接传递纵向地震作用。

因此,从合理的地震作用传递途径来看,应优先采用横墙承重或纵横墙共同承重的结构体系。

(2) 纵横墙的布置宜均匀对称,沿平面内宜对齐,沿竖向应上下连续,同一轴线上的窗间墙宽度宜均匀

前面已经指出,多层砌体房屋的平、立面布置应规则对称,最好为矩形,这样可避免水平地震作用下的扭转影响。然而对于避免水平地震作用下的扭转仅房屋平面布置规则还是不够的,还应做到纵横墙的布置均匀对称。从房屋纵横墙的对称要求来看,大房间宜布置在房屋的中部,而不宜布置在端头。

砖墙沿平面内对齐、贯通,能减少砖墙、楼板等受力构件的中间传力环节,使震害部位减少,震害程度减轻;同时,由于地震作用传力路线简单,中间不间断,构件受力明确,其简化的地震作用分析能较好地符合地震作用的实际。

房屋的纵横墙沿竖向上下连续贯通,可使地震作用的传递路线更为直接合理。如果因使用功能不能满足上述要求时,应将大房间布置在顶层。若大房间布置在下层,则相邻上面横墙承担的地震剪力,只有通过大梁、楼板传递至下层两旁的横墙,这就要求楼板有较大的水平刚度。

房屋纵向地震作用分至各纵轴后,其外纵墙的地震作用还要按各窗间墙的侧移刚度再分配。由于宽的窗间墙的刚度比窄窗间墙的刚度大得多,必然承受较多的地震作用而破坏,而长高比大于 4 的墙垛其承载能力更差已率先破坏,则对于宽窄差异较大的外纵墙,就会造成窗间墙的各个击破,降低了外纵墙和房屋纵向的抗震能力。因此,要求同一轴线的窗间墙宽度宜均匀,尽量做到等宽度。对于一些建筑阳台门和窗之间留一个 240mm 宽的墙垛等做法不利于抗震,宜采取门连窗的做法。

(3) 防震缝的设置

大量的震害表明,由于地震作用的复杂性,体形不对称的结构的破坏较体形均匀对称的结构要重一些。但是,由于防震缝在不同程度上影响建筑立面的效果和增加工程造价等,应根据建筑的类型、结构体系和建筑状态以及不同的地震烈度等区别对待。规范的原则规定为:当建筑形状复杂而又不设防震缝时,应选取符合实际的结构计算模型,进行精细抗震分析,估计局部应力和变形集中及扭转影响,判别

易损部位并采用加强措施；当设置防震缝时，应将建筑分成规则的结构单元。对于多层砌体房屋，当房屋有下列情况之一时宜设置防震缝：①房屋立面高差在6m以上；②房屋有错层，且楼板高差较大；③各部分结构刚度、质量截然不同。防震缝的宽度应根据烈度和房屋高定，可采用50~100mm。

(4) 楼梯间不宜设置在房屋的尽端和转角处

由于水平地震作用为横向和纵向两个方向，所以在多层砌体房屋转角处纵横两个墙面常出现斜裂缝。不仅房屋两端的四个外墙角容易发生破坏，而且平面上的其他凸出部位的外墙阳角同样容易破坏。

楼梯间比较空敞和顶层外墙的无支承高度为一层半，在地震中的破坏比较严重。尤其是楼梯间设置在房屋尽端或房屋转角部位时，其震害更为加剧。

(5) 烟道、风道、垃圾道等不应削弱墙体

墙体是多层砌体房屋承重和抗侧力的主要构件。局部削弱的墙体，不仅在削弱处率先开裂，还将产生内力重分布。因此，规范规定，烟道、风道、垃圾道等不应削弱墙体；当墙体被削弱时，应对墙体采取水平配筋等加强措施，对附墙烟囱及出屋面烟囱采用竖向配筋。

(6) 钢筋混凝土预制挑檐应加强锚固

由于挑檐为一悬臂构件，在地震中较容易发生破坏。若为现浇则和屋面板一起，则抗震性能比较好，对于预制钢筋混凝土挑檐则应加强与圈梁的锚固。

4. 抗震横墙间距要限制

砖墙在平面内的受剪承载力较大，而平面外（出平面）的受弯承载力很低。当多层砌体房屋横墙间距较大时，房屋的相当一部分地震作用需要通过楼盖传至横墙，纵向砖墙就会产生出平面的弯曲破坏。因此，多层砖房应按所在地区的地震烈度与房屋楼（屋）盖的类型来限制横墙的最大间距。见表1-14。

房屋抗震横墙最大间距(m) 表1-14

房屋类别		烈度			
		6	7	8	9
多层砌体	现浇或装配整体式钢筋混凝土楼、屋盖	18	18	15	11
	装配式钢筋混凝土楼、屋盖	15	15	11	7
	木楼、屋盖	11	11	7	4
底部框架—抗震墙	上部各层	同多层砌体房屋			—
	底层或底部两层	21	18	15	
多排柱内框架		25	21	18	

注：1. 多层砌体房屋的顶层，最大横墙间距应允许适当放宽。
2. 表中木楼、屋盖的规定，不适用于小砌块砌体房屋。

1.4 多层砌体房屋和底部框架、内框架房屋的抗震设计

规范给出的房屋抗震横墙最大间距的要求是为了尽量减少纵墙的平面破坏，但并不是说满足上述横墙最大间距的限值就能满足横向承载力验算的要求。

还需注意，从地震作用沿竖向传递的合理性讲大房间宜设置在顶层和宜布置在中间。

5. 局部尺寸要控制

房屋局部尺寸的影响，有时仅造成局部的破坏，并未造成结构的倒塌。事实上，房屋局部破坏必然影响房屋的整体抗震能力。而且，某些重要部位的局部破坏却会带来连锁反应，形成墙体各个击破的破坏甚至倒塌。

（1）承重窗间墙的最小宽度

窗间墙在平面内的破坏可分为三种情况：窗洞高与窗间墙宽度之比小于1.0的宽窗间墙为较小的交叉裂缝；高宽比大于1.0的较宽的窗间墙，虽然也为交叉裂缝，但裂缝的坡度较陡，重者裂缝两侧的砖砌体破裂甚至崩落；很窄的窗间墙为弯曲破坏，重者四角压碎崩落。

承重窗间墙的宽度应首先满足静力设计要求，为了提高该道墙的抗震能力，应均匀布置为窗间墙的宽度大体相等。窗间墙承担的地震作用是按各墙段的侧移刚度大小分配的，窄窗间墙比宽窗间墙的侧移刚度小得多，承受了较大地震作用的墙段首先出现交叉裂缝，其刚度迅速降低，产生内力重分布，从而造成窗间墙的各个击破，降低了该道墙和整个结构的抗震能力。规范的具体规定见表1-15。

房屋的局部尺寸限值(m) 表1-15

部　位	6度	7度	8度	9度
承重窗间墙最小宽度	1.0	1.0	1.2	1.5
承重外墙尽端至门窗洞边的最小距离	1.0	1.0	1.2	1.5
非承重外墙尽端至门窗洞边的最小距离	1.0	1.0	1.0	1.0
内墙阳角至门窗洞边的最小距离	1.0	1.0	1.5	2.0
无锚固女儿墙(非出入口处)的最大高度	0.5	0.5	0.5	0.0

注：1. 局部尺寸不足时应采取局部加强措施弥补。
　　2. 出入口处的女儿墙应有锚固。
　　3. 多层多排柱内框架房屋的纵向窗间墙宽度，不应小于1.5m。

（2）承重外墙尽端至门窗洞边的最小距离

大量的震害表明，房屋尽端是震害较为集中的部位，这是由于沿房屋纵横两个方向地面运动的结果，为了防止房屋在尽端首先破坏甚至局部墙体塌落，规范的规定见表1-15。

（3）非承重外墙尽端至门窗洞边的最小距离

考虑到非承重外墙与承重外墙在承担竖向荷载方面的差异，对非承重外墙尽端至门窗洞边的最小距离较承重外墙的要求有所放宽，但一般墙垛宽度不宜小于1.0m。

(4) 内墙阳角至门窗洞边的最小距离

由于门厅或楼梯间处的纵墙或横墙中断，需要设置开间梁或进深梁，从而造成梁支承在室内拐角墙上的这些阳角部位的应力集中，梁端支承处的荷载又比较大，为了避免在这个部位发生严重破坏，除在构造上加强整体连接外，规范对内墙阳角至门窗洞边的最小距离给予了规定，见表1-15。

(5) 其他局部尺寸限制

大量的震害表明，阳台、挑檐、雨篷等小跨度的悬挑构件的震害比较小，一般情况下悬挑构件的跨度又都不会过大，因此，《建筑抗震设计规范》对这类构件的挑出构件没有作出限值。但仍应通过计算和构造来保证锚固和连接的可靠性。

悬挑构件中的女儿墙是比较普遍和容易破坏的构件，特别是无锚固的女儿墙更是如此。因此，规范对女儿墙的高度给予了限制，具体见表1-15。

实际设计中，外墙尽端至门窗洞边的最小距离，往往不能满足要求，此时可采用加强的构造柱或增加水平配筋措施，以适当放宽限制。但若认为要求有局部尺寸处可以用构造柱来代替，那就错了，若采用加大的构造柱来代替必要的墙段，就会使砌体结构改变了其结构体系，这对房屋抗震是不利的。

1.4.4 抗震构造措施

多层砌体房屋和底部框架、内框架房屋的抗震设计的抗震构造措施对于提高房屋的整体抗震效能，做到大震不倒有着重要意义。其主要措施包括构造柱、圈梁、楼（屋）盖、楼梯间和薄弱环节等方面，在此不一一累述，具体使用时可查相应抗震设计规范。

1.5 多层和高层钢结构的抗震设计

1.5.1 概述

钢结构在中国的发展已有几十年的历史。最初主要应用于厂房、屋盖、平台等工业结构中，直到20世纪80年代初期才开始大规模地应用于民用建筑中。最近二十年民用建筑钢结构在我国发展迅速，特别是在20世纪80年代中期至90年代中期曾在中国掀起了一道建设高层钢结构的热潮。在这二十年中，结构体系也呈多样化发展，纯框架结构、框架中心支撑、框架偏心支撑结构、框架抗震墙结构、筒中筒结构、带加强层的框筒结构以及巨型结构等各种类型的钢结构建筑物都相继在中国建成。与之相适应的，中国的钢铁工业这些年中也得到了迅猛地发展，钢材的品种、产量以及型钢的规格都大大的丰富了。

但要注意的是近些年来钢框架—混凝土核心筒结构在我国应用较多，它主要由混凝土核心筒来承担抗震作用。这种结构形式在美国地震区不被采用,日本将其列为特种结构,同时,由于国内对此尚缺乏系统的研究,所以本章讨论的内容不包括这种结构形式的内容。

1.5.2 多层和高层钢结构的震害

钢结构从其诞生之日起就被认为具有卓越的抗震性能,它在历次的地震中也经受了考验,很少发生整体破坏或坍塌现象。但是在1994年美国北岭(Northridge)大地震和1995年日本阪神大地震中,钢结构也出现了大量的局部破坏(如梁柱节点破坏、柱子脆性断裂、腹板裂缝和翼缘屈曲等),甚至在日本阪神地震中发生了钢结构建筑整个中间楼层被震塌的现象。根据钢结构在地震中的破坏特征,将结构的破坏形式分为以下几类:

1. 多层钢结构底层或中间某层整层的坍塌

在以往的地震中,钢结构建筑很少发生整层坍塌的破坏现象。而在1995年阪神特大地震中,不仅许多多层钢结构在首层发生了整体破坏,还有不少多层钢结构在中间层发生了整体破坏。究其原因,主要是楼层屈服强度系数沿高度分布不均匀,造成了结构薄弱层的形成。

2. 梁、柱、支撑等构件的破坏

在以往所有的地震中,梁柱构件的局部破坏都较多。对于框架柱来说,主要有翼缘的屈曲、拼接处的裂缝、节点焊缝处裂缝引起的柱翼缝层状撕裂、甚至框架柱的脆性断裂。对于框架梁而言,主要有翼缘屈曲、腹板屈曲和裂缝、截面扭转屈曲等破坏形式。支撑的破坏形式主要就是轴向受压失稳。

3. 节点域的破坏形式

节点域的破坏形式比较复杂,主要有加劲板的屈曲和开裂、加劲板焊缝出现裂缝、腹板屈曲和裂缝。

4. 节点的破坏形式

节点破坏是地震中发生最多的一种破坏形式,根据在现场观察到的梁柱节点破坏,裂缝在梁下翼缝中扩展,甚至梁下翼缘焊缝与柱翼缘完全脱离开来,为这次地震中梁柱节点破坏最多的形式;另两种发生较多的梁柱节点破坏模式,即裂缝从下翼缘垫板与柱交界处开始,然后向柱翼缘中扩展,甚至很多情况下撕下一部分柱翼缘母材。其实这些梁柱节点脆性破坏曾在试验室试验中多次出现,只是当时都没有引起人们的重视。在地震中另一种节点破坏就是柱底板的破裂及其锚栓、钢筋混凝土墩的破坏。

5. 震害原因的探讨

根据对上述多层和高层钢结构房屋的震害特征的分析,总结其破坏原因主要有:①结构的层屈服强度系数和抗侧刚度沿高度分布不均匀造成了底层或中间成薄弱层,从而发生薄弱层的整体破坏;②构件的截面尺寸和局部构造如长细比、板件宽厚比设计不合理时，造成了构件的脆性断裂、屈曲和局部的破裂等；③焊缝尺寸设计不合理或施工质量不过关造成了许多焊缝处都出现了裂缝的破坏；④梁柱节点的设计、构造以及焊缝质量等方面的原因造成了大量的梁柱节点脆性破坏。为了预防以上震害的出现，多层和高层钢结构房屋抗震设计应符合以下一些规定和抗震构造措施。

1.5.3 多层和高层钢结构房屋抗震设计的一般规定

1. 结构平、立面布置以及防震缝的设置

和其他类型的建筑结构一样，多高层钢结构房屋的平面布置宜简单、规则和对称，并应具有良好的整体性；建筑的立面和竖向剖面宜规则，结构的抗侧刚度宜均匀变化，竖向抗侧力构件的截面尺寸和材料强度宜自下而上逐渐减小，避免抗侧力结构的侧向刚度和承载力突变。钢结构房屋应尽量避免采用不规则结构。

多高层钢结构房屋一般不宜设防震缝，薄弱部位应采取措施提高抗震能力。当结构体型复杂、平立面特别不规则，必须设置防震缝时，可按实际需要在适当部位设置防震缝，形成多个较规则的抗侧力结构单元，防震缝缝宽应不小于相应钢筋混凝土结构房屋的1.5倍。

2. 各种不同结构体系适用的高度和最大高宽比

（1）适用的高度

表 1-16 所列为规范规定的各种不同结构体系多层和高层钢结构房屋的最大高度，如某工程设计高度超过表中所列的限值时，须按建设部规定进行超限审查。表 1-16 中所列的各项取值是在研究各种结构体系的结构性能和造价的基础之上，按照安全性和经济性的原则确定的。纯钢框架结构有较好的抗震能力，即在大震作用下具有很好的延性和耗能能力，但在弹性状态下抗侧刚度相对较小。研究表明，对 6 度、7 度设防和非设防的结构，即水平地震力相对较小的结构，最大经济层数是 30 层约 110m，则此时规范规定的高度不应超过 110m。对于 8 度、9 度设防的结构，地震力相对较大，层数应适当减小。筒体结构在超高层建筑中应用较多，也是建筑物高度最高的一种结构形式，世界上最高的建筑物大多采用筒体。由于我国在超高层建筑方面的研究和经验不多，根据国内外已建工程，现规范将筒体结构在 6 度、7 度地区的最大适用高度定为 300m。8 度、9 度适当减少，其中 8 度定为 260m，9 度定为 180m。

钢结构房屋适用的最大高度(m) 表 1-16

结构类型	6、7度	8度	9度
框架	110	90	50
框架—支撑（抗震墙板）	220	200	140
筒体（框筒、筒中筒、桁架筒、束筒）和巨型框架	300	260	180

注：1. 房屋高度指室外地面到主要屋面板板顶的高度（不包括局部突出屋顶部分）。
2. 超过表内高度的房屋，应进行专门研究和论证，采取有效的加强措施。

1.5 多层和高层钢结构的抗震设计

(2) 最大高度比

在钢结构民用房屋适用的最大高宽比方面，由于对各种结构体系的合理最大高宽比缺乏系统的研究，故现行规范主要从高宽比对舒适度的影响以及参考国内外已建实际工程的高宽比确定的。由于纽约著名的建筑物世界贸易中心的高宽比是6.5，其值较大并具有一定的代表性，其他建筑的高宽比很少有超过此值的。故规范将6度、7度地区的钢结构建筑物的高宽比最大值定为6.5，8度、9度适当缩小，分别为6.0和5.5。由于缺乏对各种结构形式钢结构的合理高宽比最大值进行系统研究，故现规范中不同结构形式采用统一值(计算高宽比的高度从室外地面算起)。表1-17为钢结构民用房屋适用的最大高宽比。

钢结构民用房屋适用的最大高宽比   表1-17

烈度	6、7度	8度	9度
最大高宽比	6.5	6.0	5.5

3. 框架—支撑结构的支撑布置原则

在钢结构房屋中一定会设置许多支撑，在框架结构中增加中心支撑或偏心支撑等抗侧力构件时，应遵循抗侧力刚度中心与水平地震作用合力接近重合的原则，即在两个方向上均宜对称布置。同时支撑框架之间楼盖的长宽比不宜大于3，以保证抗侧刚度沿长度方向分布均匀。

中心支撑框架在小震作用下具有较大的抗侧刚度，同时构造简单；但是在大震作用下，支撑易受压失稳，造成刚度和耗能能力的急剧下降。偏心支撑在小震作用下具有与中心支撑相当的抗侧刚度，在大震用下还具有与纯框架相当的延性和耗能能力，但构造相对复杂。所以对于不超过12层的钢结构，即地震力相对较小的结构可以采用中心支撑框架，有条件时可以采用偏心支撑等消能支撑。超过12层的钢结构宜采用偏心支撑框架。

多高层钢结构的中心支撑可以采用交叉支撑、人字支撑或单斜杆支撑，但不宜用K形支撑。因为K形支撑在地震力作用下可能因受压斜杆屈服或受拉斜杆屈服，引起较大的侧移使柱发生屈服甚至倒塌，故抗震设计中不宜采用。当采用只能受拉的单斜杆支撑时，必须设置两组不同倾斜方向的支撑，以保证结构在两个方向具有同样的抗侧能力。对于不超过12层的钢结构可先采用交叉支撑，按拉杆设计，相对经济。中心支撑具体布置时，其轴线应交汇于梁柱构件的轴线交点，确有困难时偏离中心不应超过支撑杆件宽度，并应计入由此产生的附加弯矩。

偏心支撑框架根据其支撑的设置情况分为D、K和V形。无论采用何种形式的偏心支撑框架，每根支撑至少有一端偏离梁柱节点，而直接与框架梁连接，则梁支撑节点与梁柱节点之间的梁段或梁支撑节点与另一梁支撑节点之间的梁段即为消能梁段。偏心支撑框架体系的性能很大程度上取决于消能梁段，消能连梁不同于普通的梁，跨度小、高跨比大，同时承受较大的剪力和弯矩。其屈服形式、剪力和弯矩的相互关系以及屈服后的性能均较复杂。

4. 多层和高层钢结构房屋中楼盖形式

在多高层钢结构中，楼盖的工程量占很大的比重，它对结构的整体工作、使用性能、造价及施工速度等方面都有着重要的影响。设计中确定楼盖形式时，主要考虑以下几点：

(1) 保证楼盖有足够的平面整体刚度，使得结构各抗侧力构件在水平地震作用下具有相同的侧移；

(2) 较轻的楼盖结构自重和较低的楼盖结构高度；

(3) 有利于现场快速施工和安装；

(4) 较好的防火、隔声性能，便于敷设动力设备及通信等管线设施。

目前，楼板的做法主要有压型钢板现浇钢筋混凝土组合楼板、装配整体式预制钢筋混凝土楼板、装配式预制钢筋混凝土楼板、普通现浇混凝土楼板或其他楼板。从性能上比较，压型钢板现浇钢筋混凝土组合楼板比普通现浇混凝土楼板的平面整体刚度更好；从施工速度上比较，压型钢板现浇钢筋混凝土组合楼板、装配整体式预制钢筋混凝土楼板和装配式预制钢筋混凝土楼板都较快；从造价上比较，压型钢板现浇钢筋混凝土组合楼板也相对较高。

综合比较以上各种因素，规范建议多高层钢结构宜采用压型钢板现浇钢筋混凝土组合楼板，因为当我国现行压型钢板现浇钢筋混凝土组合楼板与钢梁有可靠连接时，具有很好的平面整体刚度，同时不需要现浇模板，提高了施工速度。规范同时规定，对于不超过12层的钢结构尚可采用装配整体式钢筋混凝土楼板，亦可采用装配式楼板或其他轻型楼板；对于超过12层的钢结构，当楼盖不能形成一个刚性的水平隔板以传递水平力时，须加设水平支撑，一般每二至三层加设一道。

具体设计和施工中，当采用压型钢板钢筋混凝土组合楼板或现浇钢筋混凝土楼板时，与钢梁有可靠连接；当采用装配式、装配整体式或轻型楼板时，应将楼板预埋件与钢梁连接，或采取其他保证楼盖整体性的措施。必要时，在楼盖的安装过程中要设置一些临时撑，待楼盖全部安装完成后再拆除。

5. 多层和高层钢结构房屋的地下室

规范规定超过12层的钢结构应设置地下室，对12层以下的不作规定。当设置地下室时，其基础形式亦应根据上部结构及地下室情况、工程地质条件、施工条件等因素综合虑确定。地下室和基础作为上部结构连续的锚伸部分，应具有可靠的埋置深度和足够承载力及刚度。规范规定，当采用天然地基时，其基础埋置深度不宜小于房屋总高度的1/15；当采用桩基时，桩承台埋置深度不宜小于房屋总高度的1/20。

钢结构房屋设置地下室时，为了增强刚度并便于连接构造，框架—支撑(抗震墙板)结构中竖向连续布置的支撑(或抗震墙板)应延伸至基础；框架柱应至少延伸至地下一层。在地下室部分，支撑的位置不可因建筑方面的要求而在地下室移动位置。但是，当钢结构的底部或地下室设置钢骨混凝土结构层，为增加抗侧刚度、构造等方面的协调性时，可将地下室部分的支撑改为混凝土抗震墙。至于抗震墙是由钢支撑外包混凝土构成，还是采用混凝土墙，由设计而定。

是否在高层钢结构的下部或地下室设置钢骨混凝土结构层，各国的观点不一样。日本认为在下部或地下室设置钢骨混凝土结构层时，可以使内力传递平稳，保持柱脚的嵌固性，增加建筑底部刚性、整体性和抗倾覆稳定性。而美国无此要求，故本规范对此不作规定。

1.6 生土建筑、木结构、石结构房屋的抗震设计

建筑抗震设计规范中的土、木结构房屋抗震设计，主要是为村镇公有或集体所有的房屋的抗震设计而设；对农民自建房屋，并不能予以约束，但可供制定农村建筑抗震宣传普及材料或样板房屋抗震设计参考；石结构房屋则主要为村镇中建造的建筑而设。村镇生土房屋和村镇木结构房屋的抗震要求，主要依据村镇房屋（包括公有或集体所有、也包括农民自建的房屋）的地震灾害经验。

但事实上，随着对生态建筑的思考和研究，生土建筑、木结构和石结构建筑也越来越多地受到世界性的关注，而并非仅仅是村镇的专利，了解和掌握相关的基本抗震知识对如何在城市建筑中运用生土、木和石结构是很有必要的。

1.6.1 土、木、石结构房屋的震害

我国幅员辽阔，人们在长期生活经验的基础上，创造了多种多样、因地制宜、就地取材的村镇房屋类型，由于材料、建筑形式和建造方法的差异较大，地震破坏的差别也很大。下面是几类主要村镇建筑的地震破坏特征。

1. 生土房屋

生土房屋在 7 度地震作用下，一般发生中等程度的破坏；在 8 度地震作用下，将有一半左右的房屋倒塌。这类房屋破坏的部位主要是墙体，如墙体的斜向或交叉裂缝，特别是窗间墙及房屋的尽端部位墙体的破坏更为严重。在木檩搁在山墙上无垫木时，檩下土坯常常被压酥更进一步加重震害。土坯内外墙连接的砌筑方式，对震害的轻重影响比较大，在土坯内外墙砌筑中未咬槎的常常出现许多垂直裂缝，甚至局部倒塌，尤其在外墙的转角处，其破坏更为严重，而采用同时咬槎砌筑的抗震性能比未咬槎的大为提高，其破坏程度要轻一些。

土坯的规格尺寸对土坯墙的抗震承载能力有一定影响，对于土坯长度与墙厚一致，便于卧砌错缝的土坯，其墙体的整体性能较好。

2. 木构架房屋

各类木构架房屋，由于各地用材大小及做法差异较大，因此抗震性能亦有很大

差异。木构件房屋的震害,从破坏程度来看,大体可分为:全部倒塌(落架)、局部倒塌,墙倒架歪;轻微破坏,即木构架基本完好,墙有不同程度的破坏,如山尖部分倒塌、墙外闪等。

木构架倒塌主要是由于地震时木构架大幅度晃动,产生较大变形,导致脱榫、折榫、柱子折断等引起倒塌。相比之下,带中柱的穿斗木构架的稳定性要好一些,倒塌的比较少,但这类房屋如果柱根腐朽,地震时也可能倒塌;柁架式木柱木梁房屋的震害取决于柁架的侧向稳定和木梁与木柱的联结强弱。

木构架房屋在 7 度地震时,一般为山墙和围护墙倒塌或严重开裂,木架节点松动、柱脚滑移。在 8 度地震时,其破坏主要是木构架歪斜,墙体外闪或局部倒塌,个别木柱折断。在 9 度地震时,多数木构件房屋发生严重破坏和倒塌。

3. 石墙承重房屋

石砌体房屋,就其类型有料石砌体、毛石砌体、石砌体又可分为浆砌体和干砌体(不用砂浆,仅用石块叠垒)两种。

1976 年唐山地震中,唐山地区的多层石结构房屋(其中 70% 为石混结构,其余为底层石墙其他层为砖墙)遭到不同程度的破坏。

多层石结构房屋从震害的破坏机理来看,基本上与多层砖房相类似。其主要破坏部位是纵横墙体及其连结处,山墙以及房屋的附属物。

1.6.2 土、木、石结构房屋的抗震设计

土、木、石结构房屋的抗震性能比较差,因此合理的抗震概念和设计就显得更为重要。

1. 生土建筑

(1) 房屋高度和层数的限制

生土房屋宜建单层,6 度和 7 度的灰土墙房屋可建二层,但总高度不应超过 6m。单层生土房屋的檐口高度不宜大于 3.2m,窑洞净跨不宜大于 2.5m。

(2) 横墙布局

生土房屋开间均应有横墙,不宜采用土搁梁结构,同一房屋不宜采用不同材料的承重墙体。

(3) 其他构造要求抗震

应采用轻屋面材料,硬山搁檩的房屋采用双坡屋面或弧形屋面,檩条支撑处应设垫木。檐口标高处(墙顶)应有木圈梁(或木垫板),端檩应出檐,内墙上檩条应满搭或采用夹板对接和燕尾接。木屋盖各构件应采用圆钉、扒钉、铅丝等相互连接。生土房屋内外墙体应同时分层交错夯筑或啼砌,外墙四角和内外墙交接处,宜沿墙高每隔 300mm 左右放一层竹筋、木长、荆条等拉结材料。各类生土房屋的地基应夯实应做砖或石基础,宜作外墙裙防潮处理(墙角宜设防潮层)。土坯房采用黏性土湿法成型并宜掺入草苇等拉结材料,土坯应卧砌并宜采用黏土浆或黏土石灰浆砌

筑。灰土墙房屋应每层设置圈梁，并在横墙上拉通，内纵墙顶面宜在山尖墙两侧增砌踏步式墙垛。土拱房应多跨连接布置，各拱角均应支承在稳固的崖体上或支承在人工土墙上，拱圈厚度宜为300～400mm，应支模砌筑，不应后倾贴砌，外侧支承墙和拱圈上不应布置门窗。土窑洞应避开易产生滑坡、山崩的地段，开挖窑洞的崖体应土质密实、土体稳定、坡度较平缓、无明显的竖向节理；崖窗前不宜接砌土坯或其他材料的前脸；不宜开挖层窑，否则应保持足够的间距，且上、下不宜对齐。

2. 木结构的房屋

木结构房屋是指穿斗木构架、木柱木屋架、木柱木梁等类型的木结构制作的房屋，在抗震设计上，需注意：

（1）房屋的布置

木结构房屋的平面布置应避免拐角或突出，同一房屋不应采用木柱与砖柱或砖墙等混合承重。

（2）房屋的高度和层数的限制

木柱木屋架和穿斗木构架房屋不宜超过二层，总高度不宜超过6m。木柱木梁房间宜建单层，高度不宜超过3m。

（3）房屋的结构布局

礼堂、剧院、粮仓等较大跨度的空旷房屋，宜采用四柱落地的三跨木排架。木屋架屋盖的支撑布置，应符合单层砖柱厂房抗震设防有关规定的要求，但房屋两端的屋架支撑，应设置在端开间。

（4）构造方面

柱顶应有暗榫插入屋架弦，并用U形铁件连接，8度和9度时，柱脚应采用铁件或其他措施与基础锚固。空旷房屋应在木柱与屋架（或梁）间设置斜撑，横隔墙较多的居住房屋应在非抗震隔墙内设斜撑，穿斗木构架房屋可不设斜撑；斜撑宜采用木夹板，并应通到屋架的上弦。穿斗木构架房屋的横向和纵向均应在木柱的上、下柱端和楼层下部设置穿枋，并应在每一纵向柱列间设置1～2道剪刀撑或斜撑。斜撑和屋盖支撑结构，均应采用螺栓与主体构件相连接；除穿斗木构件外，其他木构件宜采用螺栓连接。椽与檩的搭接处应满钉，以增强屋盖的整体性。木构架中，宜在柱檐口以上沿房屋纵向设置竖向剪刀撑等措施，以增强纵向稳定性。

木构件应符合下列要求：木柱的梢径不宜小于150mm；应避免在柱的同一高度处纵横向同时开槽，且在柱的同一截面开槽面积不应超过截面总面积的1/2。柱子不能有接头。穿枋应贯通木构架各柱。围护墙与木结构可靠拉结。土坯、砖等砌筑的围护墙不应将木柱完全包裹，宜贴砌在木柱外侧。

3. 石结构房屋

石结构房屋指的是砂浆砌筑的有垫片或无垫片的料石砌体房屋。这类房屋应满足以下抗震构造要求：

（1）房屋高度的要求：多层石砌体房屋的总高度和层数不宜超过表1-18的规定。

第1章 建筑抗震设计

多层石房总高度和层数限值 表1-18

墙体类别	烈度					
	6		7		8	
	高度(m)	层数	高度(m)	层数	高度(m)	层数
细、半细料石砌体(无垫片)	16	五	13	四	10	四
粗料石及毛料石砌料(有垫片)	13	四	10	三	7	二

注：1. 多层石砌体房屋的层高不宜超地 3m。
  2. 多层石砌体房屋的抗震横墙间距，不宜超过表1-19的规定。

（2）抗震横墙的要求，多层石砌体房屋的抗震横墙见表1-19。

多层石砌体房屋的抗震横墙间距(m) 表1-19

楼屋、盖类型	烈度		
	6	7	8
现浇及装配整体式钢筋混凝土	10	10	7
装配整体式钢筋混凝土	7	7	4

（3）其他要求：

多层石房，宜采用现浇或装配整体式钢筋混凝土楼、屋盖。石墙的截面抗震验算，可参照《建筑抗震设计规范》的要求进行。其抗剪强度应根据试验数据确定。多层石房的下列部位，应设置钢筋混凝土构造柱：外墙四角和楼梯间四角。6度隔开间的内外墙交接处。7度和8度每开间的内外墙交接处。抗震横墙洞口的水平截面面积，不应大于全截面面积的1/3。每层的纵横墙均应设置圈梁，其截面高度不应小于120mm，宽度宜与墙厚相同，纵向钢筋不应小于4φ10，箍筋间距不宜大于200mm。无构造柱的纵横墙交接处，应采用条石无垫片砌筑，且应沿墙高每隔500mm，设置拉结钢筋网片，每边每侧伸入墙内不宜小于1m。

1.7 建筑隔震与消能减震设计

近几年来的大地震经验证实，建筑隔震与消能减震对于减少结构地震反应，减轻建筑结构的地震破坏，保持建筑的使用功能是非常有效的。作为减轻建筑结构地震灾害的一种新技术和基于性能抗震设计技术的一个组成部分，现规范对建筑的隔震设计和消能减震设计作了原则的规定，主要包括使用范围、设防目标、隔震和消能减震部件的要求、隔震的水平方向减震系数、隔震层设计、隔震结构的抗震构

1.7 建筑隔震与消能减震设计

造,以及消能部件的附加阻尼和设计方法等。

1.7.1 隔震与消能减震概念及其适用性

1. 隔震设计概念

地震释放的能量是以震动波为载体向地球表面传播。通常的建筑物和基础牢牢地连接在一起,地震波携带的能量通过基础传递到上部结构,进入到上部结构的能量被转化为结构的动能和变形能。在此过程中,当结构的总变形能超越了结构自身的某种承受极限时,建筑物便发生损坏甚至倒塌。

隔震,即隔离地震。在建筑物基础与上部结构之间设置由隔震器、阻尼器等组成的隔震层,隔离地震能量向上部结构传递,减少输入到上部结构的地震能量,降低上部结构的地震反应,达到预期的防震要求。地震时,隔震结构的震动和变形均可控制在较轻微的水平,从而使建筑物的安全得到更可靠的保证。表 1-20 表达了隔震设计和传统抗震设计在设计理念上的区别。

隔震房屋和抗震房屋设计理念对比　　表 1-20

	抗 震 房 屋	隔 震 房 屋
结构体系	上部结构和基础牢牢连接	削弱上部结构与基础的有关连接
科学思想	提高结构自身的抗震能力	隔离地震能量向结构的输入
方法措施	强化结构刚度和延性	滤波

隔震器的作用是支承建筑物重量、调频滤波,阻尼器的作用是消耗地震能量、控制隔震层变形。隔震器的类型很多。目前,在我国比较成熟的是"橡胶隔震支座"。因此,现行规范所指隔震器系橡胶隔震支座。在隔震设计中采用其他类型隔震器时,应作专门研究。如图 1-8 为典型支座。

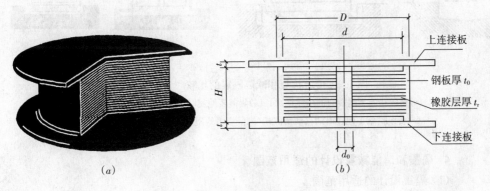

图 1-8 典型支座
(a)剖视图;(b)立面图

常用的隔震器有叠层橡胶支座、螺旋弹簧支座、摩擦滑移支座等。目前国内外应用最广泛的是叠层橡胶支座，它又可分为普通橡胶支座、铅芯橡胶支座、高阻尼橡胶支座等。

2. 消能减震概念

在建筑物的抗侧力结构中设置消能部件(由阻尼器、连接支撑等组成)，通过阻尼器局部变形提供附加阻尼，吸收与消耗地震能量，称为消能减震设计。

采用消能减震设计时，输入到建筑物的地震能量一部分被阻尼器所消耗。其余部分仍转换为结构的动能和变形能。因此，也可以达到降低结构地震反应的目的。阻尼器有黏弹性阻尼器、黏滞阻尼器、金属阻尼器、电流变阻尼器、磁流变阻尼器等。

3. 隔震和消能减震设计的主要优点

隔震体系能够减小结构的水平地震作用，已被理论和国外强震记录所证实。国内外的大量试验和工程经验表明："隔震"一般可使结构的水平地震作用降低至60%左右，从而消除或有效地减轻结构和非结构的地震损坏，提高建筑物及其内部设施、人员在地震时的安全性，增加震后建筑物继续使用的能力，具有巨大的社会和经济效益。

采用消能方案可以减少结构在风作用下的位移已是公认的事实，对减少结构水平和竖向地震反应也是有效的。图1-9表示了在地震中传统房屋与隔震房屋的区别。

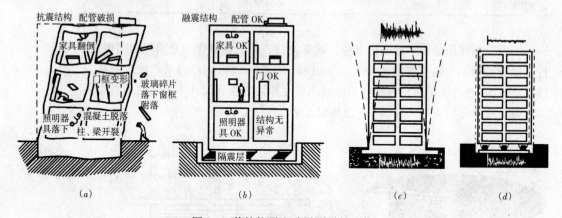

图 1-9 传统抗震和减震隔震的比较
(a)传统措施下地震时的房屋情况；(b)隔震者地震时的房屋情况；
(c)传统措施下地震时的振动情况；(d)隔震者地震时的振动情况

4. 隔震和消能减震设计的适用范围

(1) 隔震设计的适用范围

现行规范对隔震结构提出了一些使用要求。根据研究：隔震结构主要用于体型基本规则的低层和多层建筑结构。日本和美国的经验表明不隔震时基本周期小于

1.0s 的建筑结构减震效果与经济性均最好，对于高层建筑效果较差。

我国Ⅰ、Ⅱ、Ⅲ类场地的反应谱周期均较小，故都可建造隔震建筑。因为国外对隔震建筑工程的较多考察资料表明：硬土场地较适合于隔震建筑；软弱场地滤掉了地震波的中高频分量，延长结构的周期有可能增大而不是减小其地震反应。墨西哥地震就是一个典型的例子。日本《隔震结构设计技术标准》（草案）规定，隔震建筑适用于一、二类场地。

隔震设计中对风荷载和其他非地震作用的水平荷载给予一些限制，是为了保证隔震结构具有可靠的抗倾覆能力。

就使用功能而论，隔震结构可用于：医院、银行、保险、通信、警察、消防、电力等重要建筑；首脑机关、指挥中心以及放置贵重设备、物品的房屋；图书馆和纪念性建筑；一般工业与民用建筑；建筑物的抗震加固。

(2) 消能设计的适用范围

消能部件的置入，不改变主体承载结构的体系，又可减少结构的水平和竖向地震作用，不受结构类型和高度的限制，在新建建筑和建筑抗震加固中均可采用。

1.7.2 隔震结构的设计要点

1. 隔震结构方案的选择

隔震建筑方案的采用，应根据建筑抗震设防类别、设防烈度、场地条件、建筑结构方案和建筑使用要求，进行技术、经济可行性综合比较分析后确定。

隔震主要用于高烈度地区或使用功能有特别要求的建筑，符合以下各项要求的建筑采用隔震方案：不隔震时，结构基本周期小于 1.0s 的多层砌体房屋、钢筋混凝土框架房屋等；体型基本规则，且抗震计算可采用底部剪力法的房屋；建筑场地宜为Ⅰ、Ⅱ、Ⅲ类，并应选用稳定性较好的基础类型；风荷载和其他非地震作用的水平荷载不宜超过结构的总重力的 10%。

2. 隔震层的设置

隔震层宜设置在结构第一层以下的部位。当隔震层位于第一层及以上时，结构体系的特点与普通隔震结构可能有较大差异，隔震层以下的结构设计计算也更复杂，需作专门研究。

3. 隔震层的布置应符合下列的要求

(1) 隔震层可由隔震支座、阻尼装置和抗风装置组成。阻尼装置和抗风装置可与隔震支座合为一体，亦可单独设置。必要时可设置限位装置。

(2) 隔震层刚度中心宜与上部结构的质量中心重合。

(3) 隔震支座的平面布置宜与上、下部结构的竖向受力构件的平面位置相对应。

(4) 同一房屋选用多种规格的隔震支座时，应注意充分发挥每个橡胶支座的承载力和水平变形能力。

(5) 同一支承处选用多个隔震支座时，隔震支座之间的净距应大于安装操作所需要的空间要求。

(6) 设置在隔震层的抗风装置宜对称、分散地布置在建筑物的周边或周边附近。

1.7.3 消能减震设计要点

1. 消能减震部件及其布置

消能减震设计时，应根据罕遇地震下的预期结构位移控制要求，设置适当的消能部件。消能部件可由消能器及斜撑、墙体、梁或节点等支承构件组成。消能器可采用速度相关型、位移相关型或其他类型。

消能部件可根据需要沿结构的两个主轴方向分别设置。消能部件宜设置在层间变形较大的位置，其数量和分布应通过综合分析合理确定，并有利于提高整体结构的消能能力，形成均匀合理的受力体系。

2. 消能减震设计要点

(1) 由于加上消能部件后不改变主体结构的基本形式，除消能部件外的结构设计仍应符合规范相应类型结构的要求。因此，计算消能减震结构的关键是确定结构的总刚度和总阻尼。

(2) 一般情况下，计算消能减震结构宜采用静力非线性分析或非线性时程分析方法。对非线性时程分析法，宜采用消能部件的恢复力模型计算；对静力非线性分析法，可采用消能部件附加给结构的有效阻尼比和有效刚度计算。

(3) 当主体结构基本处于弹性工作阶段时，可采用线性分析方法作简化估计，并根据结构的变形特征和高度等，按现行规范规定分别采用底部剪力法、振型分解反应谱法和时程分析法。其地震影响系数可根据消能减震结构的总阻尼比按现行规范规定采用。

(4) 消能减震结构的总刚度为结构刚度和消能部件有效刚度的总和。

(5) 消能减震结构的总阻尼比为结构阻尼比和消能部件附加给结构的有效阻尼比的总和。

3. 消能器部件的连接

(1) 消能器与斜撑、墙体、梁或节点连接，应符合钢构件连接或钢与钢筋混凝土构件连接的构造要求，并能承担消能器施加给连接节点的最大作用力。

(2) 与消能部件相连的结构构件，应计入消能部件传递的附加内力，并将其传递到基础。

(3) 消能器及其连接构件应具有耐久性和较好的易维护性。

1.8 非结构构件的抗震设计

1.8.1 概述

抗震设计中的非结构构件通常包括建筑非结构构件和固定于建筑结构的建筑附属

机电设备的支架。建筑非结构构件指建筑中除承重骨架体系以外的固定构件和部件，主要包括非承重墙体，附着于楼面和屋面结构的构件、装饰构件和部件、固定于楼面的大型储物架等；建筑附属机电设备指与建筑使用功能有关的附属机械、电气构件、部件和系统，主要包括电梯、照明和应急电源、通信设备、管道系统、空气调节系统、烟火监测和消防系统、公用天线等。上述的部件无论是工程量还是投资都是不小的。在中等程度的地震影响时，这些结构构件的破坏数量和程度、对建筑功能的影响以及给居民心理上的影响等，比结构主体的破坏所造成的影响要大。因此，地震时像窗玻璃破碎下落，门、屋顶等破坏造成的危险性也应给予充分的重视。

非结构构件抗震设计所涉及的设计领域较多，一般由相应的建筑设计、室内装修设计、建筑设备专业等有关工种的设计人员分别完成。目前已有玻璃幕墙、电梯等的设计规程，一些相关专业的设计标准也将陆续编制和发布。因此，在建筑抗震设计规范中，主要规定了主体结构体系设计中与非结构有关的要求。

1.8.2 非结构构件的抗震设防目标

非结构构件的抗震设防目标原则上要与主体结构三水准的设防目标相协调，但也对非结构构件有与主体结构不同的性能要求。在多遇地震下，建筑非结构构件不宜有破坏；机电设备应能保持正常运行功能；在设防烈度地震下，建筑非结构构件可以容许比结构构件有较重的破坏(但不应伤人)，机电设备应尽量保持运行功能，即使遭到破坏也应能尽快恢复，特别是避免发生次生灾害的破坏；在罕遇地震下，各类非结构构件可能有较重的破坏，但应避免重大次生灾害。

随着社会进步，经济生活的发展，人们对室内生活和工作环境的要求日渐增高，设备性能和质量也日益提高，建筑的非结构构件的造价占总造价的主要部分，抗震设防将不仅仅是保护人的生命安全，而要更多的考虑经济和社会生活，非结构构件的抗震设防目标将更为重要。

1.8.3 建筑非结构构件的基本抗震措施

(1) 结构体系相关部位的要求

设置连接建筑构件的预埋件、锚固件的部位，应采取加强措施，以承受建筑构件传给结构体系的地震作用。

(2) 非承重墙体的材料、选型和布置要求

应根据设防烈度、房屋高度、建筑体型、结构层间变形、墙体抗侧力性能的利用等因素经综合分析后确定。应优先采用轻质墙体材料，采用刚性非承重墙体时，其布置应避免使结构形成刚度和强度分布上的突变。

楼梯间和公共建筑的人流通道，其墙体的饰面材料要有限制，避免地震时塌落堵塞通道。天然的或人造的石料和石板，仅当嵌砌于墙体或用钢锚件固定于墙体，才可作为外墙体的饰面。

第1章　建筑抗震设计

(3) 墙体与结构体系的拉结要求

墙体应与结构体系有可靠的拉结，应能适应不同方向的层间位移；8度、9度时结构体系有较大的变形，墙体的拉结应具有可适应层间变位的变形能力或适应结构构件转动变形的能力。

(4) 砌体墙的构造措施

砌体墙主要包括砌体结构中的后砌隔墙、框架结构中的砌体填充墙、单层钢筋混凝土柱厂房的砌体围护墙和隔墙、多层钢结构房屋的砌体隔墙、砌体女儿墙等，应采取措施（如柔性连接等）减少对结构体系的不利影响，并按要求设置拉结筋、水平系梁、圈梁、构造柱等加强自身的稳定性和与结构体系的可靠拉结。

(5) 顶棚和雨篷的构造措施

各类顶棚、雨篷与主体结构的连接件，应由满足要求的连接承载力，足以承担非结构自身重力和附加地震作用。

(6) 幕墙的构造措施

玻璃幕墙、预制墙板等的抗震构造，应符合其专门的规定。

1.9　建筑抗震实例和未来发展趋势

自人类挖洞筑穴以来，就一直致力于如何使人类居住的场所更加安全，抗震是人类研究的重要对象，随着各种技术的发展和经济的进步，我们越来越有能力设计建造出有良好抗震能力的建筑。下面介绍的是近10年来国外建筑实例，有的是已经遭受过大地震却基本完好的建筑，有的是为高危地震区设计的方案，着重突出其抗震的思想概念和设计。

[例1-1] 箭头区域地方医疗中心

1. 建筑概况

设计师：BTA—博布罗/托马斯联合事务所

地点：美国加利福尼亚的科尔顿

施工时间：1999年

工程师：KPFF公司的顾问工程师以及与之合作的泰勒和盖恩斯（帕萨迪纳）

地震历史："北屋脊"地震，1994年1月发生，该建筑正处于设计最后阶段

抗震等级：里氏8.5级

声誉：被认为是世界上抗震能力最高的公用建筑

自给性能：一旦发生地震，至少能维持自给3d

地震危险性：很高，因为距圣·哈辛托(San jacinto)断层约2mile(3.2km)，距圣·阿德斯(San Andreas)断层约9mile(14.4km)

基础隔震支座：392只

正门总造价：700万美元

隔震系统总造价：1000万美元

用于抗震设防费用占总造价比例：10%

总建筑面积：920000ft^2（85471m^2）

场地面积：3930000ft^2（365109m^2）

床位：873张

总造价：2.76亿美元

2. 设计思想

BTA于1990年赢得医疗中心的建造权，其设计具有综合性和由里向外表现的功能性和良好的抗震性能，并为未来发展提供了充分的自由度。

大楼组合体位于公园内，医疗中心的功能分布在南北向长廊连接的五幢建筑内。这种布置有助于将医疗设施与其他服务机构相分离，也提供给每个单元独有的外部空间、最适宜的采光和通风条件。建筑最高的部分是医院房楼，呈半圆柱形，能够一览乡村的全貌。其他服务功能位于矩形结构内，通过内部天井与带有小广场的外长廊相连，以供人们休息之用。所有的房屋都能够将山下景色一览无余。

这种功能分区除了使内部组织和布局清晰流畅，各种医疗功能区分明显，还有一个关键性的优点即每幢楼结构上独立，具有良好的抗震能力，并且有利于紧急疏散。

尽管每幢楼在功能上相互关连，但在结构上相互独立。其中三幢楼由14ft（4.3m）长的造型别致的长廊相连，被称为正门。在地震时，这些长廊可使建筑物的距离即可收缩至4in(10cm)，又可伸长到8in(20cm)，之大，使建筑具有了适应变形的能力。

医疗中心采用了新型的隔震减震技术，其基础是一个被动液压阻尼系统，由392只像胶支座和一系列减震装置组成。每根钢柱下安装一个阻尼装置，以保证整

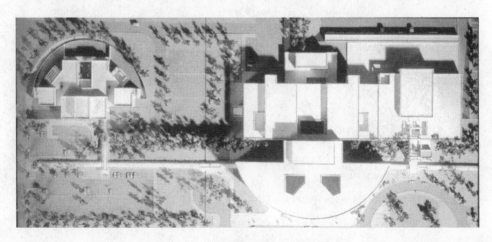

图1-10 医疗中心模型的全景图

个结构处于初始位置,并吸收地面运动的能量。长约12ft(3.7m)、直径为12in(30.5cm)的阻尼器类似于汽车的减震器,专门为箭头区域地方医疗中心制造。它由免维护的不锈钢活塞和充满硅质材料的圆筒组成,水平安装,一端与基础相连,另一端与柱或由梁相连。这些隔震器能够吸收地震能量,并可用于防MX导弹或核爆炸袭击的系统。在隔震支座减少结构位移的同时,阻尼器抑制地面运动加速度的影响。隔震支座高约20in(50.8cm),直径约35in(88.9cm)为夹层橡胶隔震支座,安装在柱及墙下以承受竖向荷载。

图1-11 医疗中心远景图

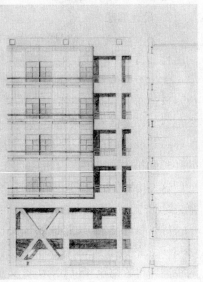

图1-12 医疗中心立面详图和半圆柱形楼的部分钢结构图

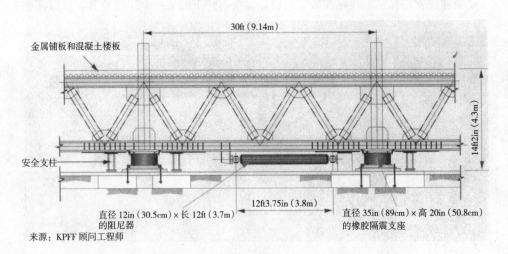

来源:KPFF顾问工程师

图1-13 医疗中心首层的支撑能够显著地提高建筑物的抗震性能

此外，考虑到该地区与圣·阿德斯仅距 9mile(14.5km)，地震发生机率很大，大楼按里氏 8.5 级进行抗震设计。医疗中心有自给系统，能够 74h 不依赖外部援助而正常运作，这种有力的措施使该医疗中心成为目前抗震性能最好的公用建筑。

采光和最佳的通风在内部设计中起着重要作用。大多数材料都为白或淡灰色，以减少与其他构件的差异。

[例 1-2] **CEC 大厦**

1. 建筑概况

位置：中国　台湾　台北市

施工时间：1999

业主：大陆工程有限公司

设计：欧文·安鲁帕及其合作者洛杉矶艺术与技术有限公司

高级工程顾问：保罗·陈

遭受地震：1999 年 9 月 21 日"集集地震"

震级：里氏 7.6 级

地震损害：无

抗震规范：台湾建筑规范

地震危险性：高，场地为沉积土，不密实，自振周期长

最大地面加速度：0.23g

地震再现期：475 年

建筑面积：189145ft^2(17572.1m^2)

总高度：197ft(60m)

地上层数：13 层

地下层数：4 层

2. 设计思想

CEC 大厦为台湾最大建筑公司的办公大楼之一，高 187ft(60m)，共 13 层，其中有两层为专用会议厅，此外，另有地下 4 层作为安装机构设备和停车场之用。

该工程有 4 个主要目标：第一，使内部缺柱的结构满足抗震设计要求；第二，在扭转力作用下，具有足够刚度，减小地面剧裂运动时结构的反应；第三，使结构具有独特的风格和功能；第四，在符合规范要求的前提下，使结构最适合场地条件。

根据台湾标准，台北所处的盆地是一个地震高发区。该地区内发生的地震会导致灾难性后果，其主要原因是由于该地区为疏松的沉积性土，这种土的自振周期较长，在地表层可以使地震作用放大。

因此，该工程的主要设计目标之一是保证结构的抗震能力和保证地震使用

下的承载力。为此，结构各层的重力分布尽可能对称，此外采用两个附属构件耗散地震释放的能量。从第三层起向上，角部支撑体系只是承受自承，可以吸收地震产生的拉应力，而建筑物基础上的钢筋混凝土门柱再将能量由第三层传至地面。此外，角部支撑通过梁连接到沿建筑全高布置的柱上，体系在任何超载情况下仍处于弹性状态。可以预料，在强震时，结构的破坏会集中在这些连系梁上，由于具有良好的延性承载力，它们将产生扭转以吸收地震能量。复杂的结构体系布置于每层楼的四周以避开柱和办公区的隔墙，使空间得到最大程度的利用并保持空间的灵活性。CEC大厦采用的支撑体系具有很好的抗震性能，已经在许多钢结构建筑中得到应用，这种支撑体系与可以承受很大位移的柱网配合使用，可以形成重量适中、抗震性能优越的结构体系。该建筑在1999年9月21日台湾发生的里氏7.6级的大地震中没有受到丝毫破坏，经受了大地震的考验。

毫无疑问，有效的结构抗震体系已经使该建筑成为公司形象象征，反映了建筑公司的精神，并成为台北的标志性建筑。在大楼的玻璃幕墙外，柱、金属梁和转角处的斜撑形成了鲜明而独特的整体效果。

图1-14　CEC大厦全景

图1-15　CEC大厦结构模型

1.10 日本的隔震结构设计及现有结构的抗震加固

日本是一个多地震国家,位于环太平洋地震带上,地震发生的频度相当高。虽然有体感的地震几乎每月都会在某地发生,但由于抗震技术的不断发展,地震所带来的损害也一直控制在最低限度。

现在,日本最为流行的建筑形式为隔震结构。另外,由于地震经验的不断积累,结构抗震设计规范也不断修订。因此,现有结构的抗震加固也在不断进行,新的加固方法也在不断出现。本节将对日本的隔震结构设计及抗震加固方法作一些简单的介绍。

1.10.1 隔震结构的设计

1. 隔震结构的发展、隔震效果及使用途径

日本关于隔震结构研究的起点很早,但由于振动理论、建筑材料的发展局限,直到1982年,经日本建筑中心(Building Center of Japan,简称BCJ)评审的第一栋隔震结构才在千叶县出现。这是一栋试验性的小型住宅,为2层的钢筋混凝土结构。隔震材料采用叠层橡胶支座。为比较隔震结构与抗震结构的差异,验证隔震结构的隔震效果,在日本东北大学(Tohoku University)工学部建造了完全相同的两栋钢筋混凝土结构。一栋为抗震结构,另一栋为隔震结构。隔震材料为叠层橡胶支座。两栋结构都为3层。在两栋结构的屋顶都设有加速度地震计。1987年2月6日,在临近东北大学的福岛县的附近海域发生了震级6.7的地震。图1-16为在这次地震中,这两栋结构屋顶加速度地震计计取的南北方向(NS)的反应加速度记录。由此图可以看出,隔震结构所起到的隔震效果非常明显。

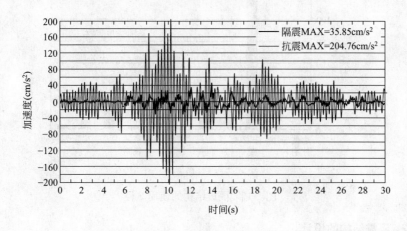

图1-16 隔震结构及抗震结构的反应加速度记录

长期以来,隔震结构并没有受到人们的重视。即使是多地震国日本,从 1983 年到 1994 年,经日本建筑中心评审的隔震结构总数还没有达到 100 栋,平均每年只有 8 栋左右。

1995 年阪神大地震的发生改变了隔震结构停止不前的局面。在这次地震中,在大阪、神户地区,很多抗震结构即使没有倒塌,也遭到了严重的破坏。而处于同一地区的几栋隔震结构,不但没有遭受任何破坏,而且结构记录的加速度反应值也非常小。

正是由于上述隔震效果,在阪神大地震之后,从 1995 年 4 月至 1996 年 4 月的一年之内,经日本建筑中心评审的隔震结构总数猛增到 103 件。

由图 1-17 可以看出,在阪神大地震之前,隔震结构主要应用于写字楼、研究机关等公共设施。阪神大地震导致 5000 多人死亡,上万栋房屋破坏、倒塌。在这个深刻的教训面前,人们对抗震结构的局限性及隔震结构的有效性有了一个新的认识。如图 1-17 所示,在阪神大地震之后,隔震结构逐年增加,尤其是住宅建筑猛增为第一位,写字楼、医院分别为第二位、第三位。

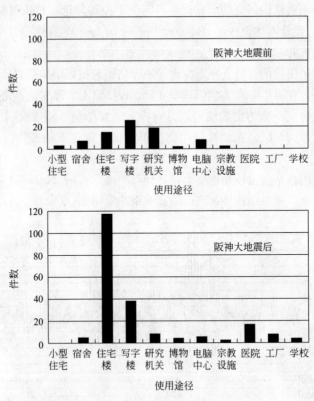

图 1-17 隔震结构的使用途径

2. 隔震结构的设计

(1) 设计途径

1.10 日本的隔震结构设计及现有结构的抗震加固

日本隔震结构的设计分为两种途径。第一种是根据隔震结构协会的设计规范进行设计，第二种是直接进行结构的地震反应分析，根据分析所得的结果进行结构设计，然后提交审查机关进行评审。审查时间为一个月左右。由于按地震反应分析结果可以进行经济设计，所以采用第二种设计途径的较多。

(2) 隔震结构形式

如图 1-18 所示，隔震结构主要有两种形式，一种是基础隔震，另一种是中间层隔震。目前，采用基础隔震形式较多。

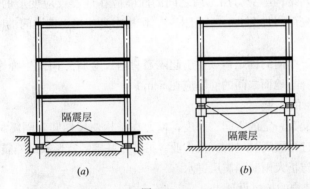

图 1-18
(a)基础隔震；(b)中间层隔震

(3) 隔震结构的地基种类

日本的地基分为3种。第一种为良好的坚硬地基，第二种为一般地基，第三种为软弱地基。如果按隔震结构协会的设计规范进行设计，第三种地基、第二种地基中可能发生液化的地基将被排除，不能采用隔震结构形式。如果进行地基及结构本身的地震反应分析，并且其反应结果达到设计要求，那么对地基的种类不做任何限制。

(4) 隔震材料的性能要求

设置于隔震层的支撑、消能材料称为隔震材料。包括叠层橡胶支座、减震器，阻尼器等。隔震材料对结构平时的使用功能、地震时的隔震性能起到决定性作用。因此，隔震材料必须具有以下性能。

(a) 竖直荷载的支撑性能
(b) 地震时的水平变形性能
(c) 变形后的恢复性能
(d) 阻尼性能
(e) 耐久性能
(f) 抗环境变化性能

(5) 隔震材料截面大小的选择

支撑固定荷载的隔震材料,例如叠层橡胶支座等,在固定荷载的作用下,如果各个隔震材料之间出现变形差,那么将在结构本身引起不静定力、不同沉降等现象。因此,在选择截面大小时,应使所有隔震材料的压应力尽量接近。另外,考虑到地震时柱轴力变动的影响,长期荷载引起的隔震材料的压应力应限制在 $15N/mm^2$ 以下。

(6) 隔震层与周围挡土墙及地面的间隔

地震时虽然隔震材料要发生很大的水平变形,但要保证结构本身与挡土墙不发生碰撞。因此,结构本身与挡土墙之间的间隔应在地震反应变形的 1.25 倍以上,或者地震反应变形再加 20cm。一般来讲,结构本身与挡土墙之间的间隔都在 50cm 以上。

另外,由于结构的固定荷载要引起隔震材料在竖直方向发生弹性变形及徐变,因此,结构本身与地面之间的间隔应在 5cm 以上。

(7) 隔震层的要求

隔震层应具有一定的空间、高度,以便在结构使用期间对隔震材料进行维修、检查。必要时进行隔震材料的交换作业。另外,基础隔震形式的隔震层,一般都低于地表面,应防止大雨时隔震层进水。

(8) 隔震结构的抗风设计

对于抗震结构来讲,由于地震荷载远大于风荷载,所以很少对风荷载进行设计。然而,对于隔震结构来讲,由于隔震层的刚度、强度比结构本身小得多,所以抗风设计不能省略。对于 50 年 1 次的强风,隔震材料应保持在弹性状态。对于 500 年 1 次的暴风、台风(强风的 1.6 倍设计荷载),虽然允许隔震材料出现屈服现象,但要保证在风后隔震材料恢复到原来位置。

(9) 大地震时的抗震设计目标

(a) 至少使用 6 波以上的地震波,对结构进行地震反应分析。3 波为国土交通省规定的人工模拟地震波,3 波为速度增大到 50cm/s 的观测波。如果附近有断层,那么应使用断层模型,作出人工模拟地震波,然后进行地震反应分析。

(b) 地震引起的基础、结构的应力应小于各构件的屈服应力。

(c) 结构各层之间的相对变形角应小于 1/200。

(d) 结构各层的反应剪力应限制在设计剪力之内。

(e) 隔震材料不发生断裂、失稳等不安定现象。

(f) 隔震材料尽可能不发生拉应力。如果发生,应限制在 $1N/mm^2$ 以内。

(g) 结构尽量不发生扭转变形。

(h) 隔震材料与结构的连接部分不发生破坏。

(i) 不与挡土墙发生碰撞。

(j) 非结构构件不发生破坏。

(10) 隔震材料的误差

隔震材料的制造误差、经年裂化、温度变化等影响在结构设计、地震反应分析时必须加以考虑。制造误差、经年裂化要根据生产厂家提供的数据进行分析。在考虑温度的变化时，要根据该结构建设地区的最高温度、最低温度进行分析。上述这些误差、变化对隔震材料的刚度、强度都有影响，在进行设计、地震反应分析时，要按增大、减小两方面进行分析。一般来讲，上述这些误差、变化全部加起来，对于水平刚度来讲，其变化范围大约在±10%～20%、对于屈服强度来讲，其变化范围大约在±10%左右。

1.10.2 现有结构的抗震加固

1968年发生于北海道的十胜冲地震、1978年发生于宫城县的宫城县冲地震、1995年发生于神户地区的阪神大地震之后，日本都修订了抗震设计规范或建筑基本法。对于按旧规范设计的建筑结构，制定了钢筋混凝土结构、钢结构、钢—钢筋混凝土混合结构的抗震性能鉴定规范，作为对现有结构进行抗震加固的依据。

1. 结构加固方法的理论根据

如图1-19所示，建筑结构本身的抗震性能指标有两个，一个是强度，另一个是韧性，也就是变形能力。增其任意一个，或两个同时增加，都可以提高结构本身的抗震性能，达到所要求的结构抗震加固目标。

上述加固方法是增强结构本身的抗震性能，是一种最为直接的抗震加固方法。但是，从地震反应分析的观点来看，只要将结构的周期增大，那么地震引起的结构反应加速度将变小。因此，作用于结构的地震荷载也将变小。鉴于这点，如图1-20所示，与增强结构本身的抗震加固目标相比，长周期结构的加固目标将大幅降低。在这种情况下，即使不对结构本身施加任何加固措施，只要将结构的周期增大，结构也是安全的。这种周期增大方法就是结构的隔震化。

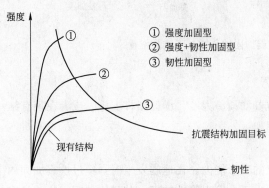

图1-19 结构的抗震性能

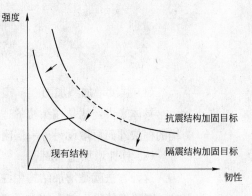

图1-20 结构的隔震效果

第1章 建筑抗震设计

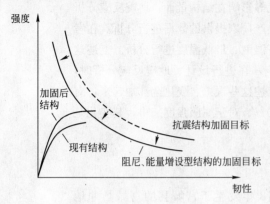

图 1-21 结构的阻尼效果

另一种方法就是依靠增加阻尼、或者增设能量吸收装置来达到结构加固的目的。由于阻尼增加、地震能量的一部分被加固装置吸收，那么作用于结构的地震荷载将会减小。当然，其减小程度要小于隔震型加固。如图 1-21 所示，如果增加结构的阻尼，或增设能量吸收装置，那么结构的强度、韧性也会略有增加，其结果将达到结构加固的目的。

2. 结构加固方法的具体分类、加固工法及加固位置

结构加固方法的具体分类、加固工法及加固位置如图 1-22 所示。

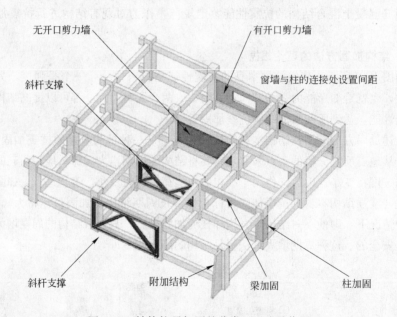

图 1-22 结构抗震加固的分类、工法及位置

(1) 强度增加型加固

具体来讲，就是在结构的适当位置增设剪力墙、增设斜杆支撑、或者在现有结构的框架外面再增设另外一层附加框架。

(2) 韧性增加型加固

这种方法就是增加结构中柱、梁的变形能力。在地震发生时，经过抗震加固的柱、梁，即使发生较大的水平变形，也不会发生脆性破坏。其具体加固方法就是在现有柱、梁的外表面，再附加一层钢板、剪切辅助钢筋、或者再缠绕一层碳素纤维

薄膜。

(3) 刚度改善型加固

现有建筑结构中有许多剪力墙的布置不合理。这样的剪力墙不但不能起到减小地震损害的目的，反而有时会起到相反的作用。在地震发生时，拥有剪力墙的框架变形小，没有剪力墙的框架变形大，这种不均衡的变形将导致结构发生扭曲现象。为避免这一现象，应在结构刚度较小的框架，增设适量的剪力墙，从而使结构的刚度中心接近结构的重心。

(4) 隔震型改修加固

这种方法就是把现有抗震结构的柱与基础切断，在其中间插入叠层橡胶支座，使原来的抗震结构变为隔震结构。这种加固方法，增大了结构的自振周期，从而能够降低结构的地震荷载。这种加固方法适用于一些具有保存价值的历史性建筑。由于历史价值，这些建筑本身不能做任何改修，只能在结构的基础位置进行抗震加固。

(5) 阻尼增大型加固

这种方法就是在结构中增设油压阻尼器、黏性阻尼器、或者摩擦型阻尼器。钢筋混凝土结构的内部黏性阻尼比只有3‰~5‰，而这些增设阻尼器的等效阻尼比可达20%。地震发生时，这些阻尼器能够消耗大量的地震能量，从而减小结构本身的损坏。

虽然结构的加固方法很多，但具体采用哪种，还要根据现有结构所具有的抗震性能、所有者的经济条件以及现场施工条件来决定。

1.11 结语

尽管目前我们已找到一些抵抗地震的方法，但还没有真正解决问题，许多工程师和科学家认为我们必须从自然界中学习。

自然界为人们提供了垂直空间仿生、不规则几何构造、混沌理论、整体论等理论。这些创造性理论都将改变未来世纪中人类的生活包括抗震设计的概念和方法。如自然界在解决生物体的抵抗问题时，一个最有力的工具是力的微化分裂。当一个自然结构需要吸收大量的能量时，不是积聚大量的抵抗材料，相反，力是通过被划分到成千上万个相互联系着的抵抗纤维中而被耗散掉的。由纤维和空气形成的零乱结构，其抗力水平比那些由大量集中纤维形成的单一构件所具有的抗力水平要高10多倍。力量的微化分裂使类似树木那样大的结构、狮子牙齿或柑橘那样小的结构产生抵抗地震、风力或冲击力的防御机制。通过对力的微化分裂的研究，由此科学家和建筑师可设计出囊状柔性，多向辐射漂浮式混凝土结构和多个分块塑性抗震等仿生大厦联合体系，这将是未来抗震设计发展的重要趋势。

第1章 建筑抗震设计

地震工程学是一项艰深而复杂的工程，而其中关于建筑抗震设计这一部分也有很多问题值得研究和探讨。随着科学技术的发展，一定能够找到更好更有效的方法设计出安全而美好的建筑。

作为建筑师决不能忽视建筑抗震设计的重要性，若能在设计初期从结构体系、建筑形体和平面布置方面，就考虑建筑的抗震安全。将是十分经济而有益的。

第 2 章 生命线地震工程概论

Chapter 2
Introduction to Lifeline Earthquake Engineering

第 2 章　生命线地震工程概论

2.1　引言

　　地震是危及人民生命财产的最为严重的突发的自然灾害,对人类社会的危害主要有三个方面,一是造成结构物破坏、人员伤亡、经济损失以及次生灾害,二是破坏人类赖以生存的环境,三是影响人类社会的正常运行秩序。

　　我国是世界上破坏性地震发生频繁和震害损失惨重的国家之一,无论在历史上还是在最近几十年内,我国的地震灾害在世界上均居首位。据观测资料,我国在1900年至1990年间共发生破坏性地震715次,死亡人数达60余万人,受伤者不计其数,经济损失惨重。例如,1976年7月28日在我国一个拥有150万人口的唐山市,遭遇7.8级地震的袭击,顷刻间整座城市化为一片瓦砾,人员伤亡近25万人,经济损失超过百亿元,并造成无法估量的社会心理创伤。目前,随着社会现代化程度的提高,人口的增加和密集,地震带来的人员伤亡和经济损失也日趋严重。例如,1995年1月17日发生在日本阪神地区的地震,震级7.2(按日本JMA震级标准,相当于里氏震级6.9),只能算是一个中等强度的地震,却造成了5500人死亡和1000亿美元的经济损失。地震一方面造成人类生命财产损失、破坏人类的生存环境,另一方面亦给予人们在抗御这一突发性自然灾害的教训,给人类提供了宝贵的知识和经验。为了减轻地震灾害的损失,人类在生存和发展中,逐步认识地震对人类社会的作用,探讨抵御地震影响的对策,从而形成和发展了地震工程学。

　　地震还是一个社会问题,因为就一个地区而言破坏性地震的年发生概率很低,而导致不利社会后果(经济损失、人员伤亡、结构破坏和功能失效)的概率却很高,会引起地震动、液化、侧向移动、滑坡、地表破裂、区域构造变形以及海滨地区海啸波涛等。

　　随着社会的进步,特别是城市的发展和地震震害经验的增加,促使人们对交通、通信、水利、能源和管道工程的抗震问题给予更多的关注,从而产生了生命线地震工程的研究。生命线工程系统抗震问题的研究从1971年圣费南多地震就受到了各国学者们的极大关注,已成为大中城市防震减灾研究的重要课题之一,取得了颇丰的研究成果。

2.2　地震工程理论研究回顾

　　地震给结构物造成了严重的破坏,也给人们的生活带来了巨大的损失。减少地震造成的经济损失是人们面临的重要课题，结构抗震问题的研究就显得十分重要。

结构的地震反应决定于地震动和结构特性，特别是动力特性。因此，地震反应分析的水平也是随着人们对这两方面认识的深入而提高的，前期研究主要是对地震动的谱成分和结构的非弹性性能的深入认识，近期更进而认识了地震活动性与地震动的不确定性和结构的不同破坏阶段。

地震力理论也称为地震作用理论，它研究地震时地面运动对结构物产生的动态效应。结构地震反应分析的发展阶段可以分为静力、反应谱、动力三个阶段。在动力阶段中又可分为弹性与非弹性(或非线性)两个阶段，随机振动与确定性分析是这一阶段中并列出现的两种分析方法。

(1) 静力阶段，1900 年左右，日本学者大森房吉、佐野利器、物部长穗、未广恭二等对其发展作出了重要贡献。大森房吉 1900 年提出其地震烈度表，用静力等效水平最大加速度作为地震烈度的绝对指标，结构物所受的地震荷载可以写为下列形式：

$$P = \frac{W}{g} \times \alpha_{max} = KW$$

式中，W 为物体重量，K 为地震系数，日本称为工程震度或工程烈度。α_{max} 为地面运动加速度峰值。这一公式的物理意义是：结构物是刚体其最大加速度就等于地震动最大加速度。

(2) 反应谱阶段，日本学者早在 1920 年左右就研究结构物在简谐振动下的地震反应，只是由于对地震特性缺乏量的了解，所以虽然有许多进展，仍未能使地震反应分析脱离静力阶段。这种现象一直延续到 20 世纪 40 年代，直到比奥特、贝尼奥夫、豪斯纳等人在取得了强地震动记录之后，才提出了反应谱这样一个简化了的概念。这一理论考虑了结构动力特性与地震特性之间的动力关系，又保持了原有的静力理论形式。对于可以简化为单自由度的结构物所受的最大等效地震荷载为：

$$P = ck\beta(T, \xi)W$$

式中，$\beta(T, \xi)$ 为加速度反应谱与地震动最大加速度 a 之比，称为动力放大系数，是结构固有周期 T 和阻尼比 ξ (通常取为 5%)的函数，k，w 同上，c 为结构系数或综合影响系数。

$$\beta(T, \xi) = \frac{S_a(T, \xi)}{a}$$

(3) 随机振动，早在 1947 年豪斯纳(Housner)就首先把地震动看作是随机过程，但中间停顿了近十年，直到 20 世纪 50 年代后期，地震工程界才广泛开展地震反应的随机过程研究。有代表性的研究者包括罗森布卢思(Rosenblueth, 1956)、汤姆森(Thomson, 1959)、埃林根(Eringen, 1958)、巴尔斯坦(1958)、博洛京(1960)和田治见宏(1958)等。这一分析方法的特点在于它认为地震动与结构地震反应都是随机现象，因而只能求得其统计特征，或者具有出现概率意义上的最大反应。根据这一概念,较好地处理了反应谱分析方法中的振型组合问题,并使抗震设计从安全系数法过渡到概率理论的分部系数法。这一理论是与反应谱理论并行的,前者从随机观点,处理了反应超过给定值的概率,后者从确定性概念,处理了复杂频谱组成的地震动引起的结构反应。

(4) 结构地震反应的数值方法分析,随着20世纪60年代前后电子计算机的大量普及而兴起的结构反应数值分析以及强震观测记录和震害经验的积累,人们逐步认识到像反应谱那样的等效静力法,并不足以保证结构物的抗震安全,考虑全部地震动过程进行真正的结构反应动力分析是非常必要的。1959年纽马克提出了通用的逐步积分的数值法。不但可以直接求得微分方程的积分,也可以用于多自由度体系的非线性地震反应的积分。其物理概念清晰,经过国内外大量应用,其计算时间,精度与稳定性都是令人满意的。1966年威尔逊(Wilson, 1966),提出其 θ 法;纽马克等(Newmark and Rosenblueth, 1971),曾将反应谱推广为非线性反应谱。

静力阶段的结构地震反应分析以弹性为主,只考虑地震动过程中的最大振幅,反应谱的前期,仍然以弹性分析为主,到后期才考虑结构的非弹性性质,主要的贡献是考虑了地震动过程中的振幅与频谱。

目前结构抗震已从"被动"抗震阶段发展为"控制"和"性态"抗震阶段;其中结构的非线性、材料的本构关系、健康诊断、多种计算方法的产生、生命线地震工程的网络可靠性及功能失效分析方法、其他相关学科的渗透等都是现阶段的主要研究内容;强震观测、仪器研制、振动测试、实验研究等也是这一阶段的主要研究内容。

2.3 生命线地震工程构成

从日本的1923年Kanto地震人们认识到地震设计是有用的,地面运动强度的影响是重要的,这一阶段可以称为"结构地震工程"(Structural Earthquake Engineering)。生命线地震工程(Lifeline Earthquake Engineering)的诞生被认为是在1971年2月9日美国发生圣费尔南多(San Fernando)地震之后,由美国加利福尼亚大学的Duke教授考察了灾区的电力、煤气、给排水、交通和通信等系统后提出了生命线(Lifeline)和生命线地震工程(Lifeline Earthquake Engineering)的概念。1975年在美国召开的地震工程国际会议上,他发表了题为"生命线地震工程评价指南"的学术论文,进一步阐述了生命线、生命线地震工程及其评价方法,并且在他(Duke and Moran, 1975年)领导下,美国土木工程学会(ASCE)设立了生命线地震工程技术委员会(Technical Council on Lifeline Earthquake Engineering, TCLEE),这是世界上第一个关于生命线地震工程的学术性组织。1995年该委员会组织出版了专著《北岭地震生命线特性与震后响应》(Northridge Earthquake Lifeline Performance and Post-Earthquakwe Response),比较详细地介绍了美国北岭地震生命

2.3 生命线地震工程构成

线的震害特性与震后恢复。日本学者自发地响应,并于 1976 年在东京举办了第一届美国—日本生命线地震工程研讨会。日本是严重地震灾害的多发国,而且全国半数以上的人口集中在城市,因此比较重视城市生命线地震工程的研究与实践工作。1991 年和 1998 年编辑出版了《生命线地震工程》、《地震与城市生命线—系统的诊断与恢复》等专著。另外对生命线地震工程产生重大影响的地震还有 1978 年 Miyayiken—OKi 地震和 1976 年中国唐山地震,它们分别使 Sendain 城市和唐山市破坏严重甚至夷为平地。这些地震不仅加速了生命线地震工程的基础研究,而且产生了主要的生命线分支,如供水系统、供电系统、供气系统、通信系统和交通系统。唐山地震之后,我国开始对生命线地震工程进行系统性研究,成为世界上城市生命线地震工程研究较为活跃的国家之一。唐山地震之后,刘恢先主编的《唐山大地震震害》一书收入关于生命线地震工程的现场考察报告 50 余篇,对这次地震进行了全面、深入地考察,取得了丰富的成果。1994 年赵成刚等出版了《生命线地震工程》、2002 年苏幼坡等出版了《城市生命线系统震后恢复的基础理论与实践》等专著。在世界上发生的一些主要地震也均证实了生命线地震工程系统的存在及其重要性。如 1983 年 Nihonlai—Chulou(日本)地震,1985 年 Michoakan(墨西哥)地震,1987 年 Chibaken—Toho—oki(日本)地震,1989 年 Loma Prieta(美国)地震,1990 年 Luzon(菲律宾)地震,1993 年 Kushiro—oki(日本)地震,1993 年 Hokkaido—nansei—oki(日本)地震,1995 年 Hyogoken—nanbu(Kobe)(日本)地震等。在这些地震中,一方面展示了城市生命线地震工程可靠性的分析的有用性,另一方面,从中发现了许多生命线地震工程的新问题,从而促进了其努力向前发展。

生命线地震工程是用地震工程的理论基础研究生命线系统的一门学科,生命线工程是保证城市人民生活和城市机能正常运转的城市基础设施(Infrastructure),泛指那些对社会正常运行的一系列公共服务基础设施系统,这些设施形成网络系统,对城市居民的正常生活、社会经济活动起着重要作用。据 C. M. Duke(1981)的定义,它一般包括四种系统:能源系统、给排水系统、交通系统和通信系统等几个物质、能量和信息传输系统。能源系统主要包括电力和煤气系统。电力系统由发电、变电、输电和配电设施以及线路构成;城市煤气系统按煤气来源有人工煤气系统与天然煤气系统,人工煤气系统主要由生产设施、存储与输送设备(含检测仪表)以及管线等构成。给排水系统是由给水系统与排水系统构成。交通系统主要是由公路与铁路(包括桥梁、隧道)、飞机场、港口等。通信系统是由有线、无线设施与线路构成的电信网络系统。生命线工程系统一旦遭到地震破坏以及由此引起的次生灾害,后果十分严重,将给城市的各项活动正常运转带来极大的障碍,造成的经济损失和社会冲击影响巨大,轻者影响人民的正常生活和工业生产,重者会造成城市的瘫痪,无法生存。20 世纪发生的多次较大的破坏性地震,都有生命线工程破坏造成严重影响的具体实例,这表明现代化城市生命线工程的破坏所造成的影响远远大于一般工程和建筑物,因此生命线地震工程是城市防震减灾的重要组成部分。

第2章 生命线地震工程概论

随着社会的发展和研究的不断深入，作为现代化功能的城市，它将更依赖于生命线地震工程系统的工作情况，而生命线地震工程系统的定义内涵和外延也在不断扩大，出现了各种各样的生命线工程系统。生命线工程系统是指维系现代城市与区域经济功能的基础性工程设施。界定生命线地震工程的研究对象时，一般都着眼于生命线地震工程的网络性与系统性、公用性与机能性。而网络性与系统性是城市生命线地震工程最重要的属性，应当是界定研究对象的主要依据。因此生命线系统的研究对象，不同的专家有不同的界定，但大家均有共识。一般认为生命线系统应包括能源系统(电力、煤气系统)；通信系统(邮电、广播、电视、计算机网络系统)；交通系统(道路、铁路、水运、航空运输系统)；给排水系统(给水、排水系统)等；还应包括一些提供社会服务的其他网络系统。这些都是城市基础设施的主要组成部分。由此可见，生命线系统具有量大、面广的特点，以系统的整体网络形式发挥功能。因此，生命线地震工程的抗震分析不仅需要研究那些受地震影响的系统单元的抗震性能，而且需要研究单个系统和复合系统在地震作用下的地震行为及其功能的损失情况等问题。

2.4 生命线地震工程特点

1994年和1995年美国和日本发生北岭地震和阪神地震，1999年土耳其发生破坏性地震，1996年和1999年分别发生在中国的包头地震和台湾地区集集地震，除再次证实了生命线工程系统已知的一些震害经验外，又发现了一些新的现象，取得了一些新的认识。①重要生命线工程因缺少冗余，必须提高并加强其抗震能力。如新竹工业园区电力供应中断，包钢一座钢炉因变电设备破坏而停产，海湾大桥引桥落梁导致奥克兰与旧金山的交通中断近一个月等；②断层破裂、液化、滑坡等地震地质灾害对生命线工程系统影响很大；③老旧生命线工程系统是抗震防灾中的薄弱环节，如老旧桥梁、铸铁管网等。④城市抗震加固修复和地震预警应急系统的建立在减轻城市地震灾害和地震应急与恢复方面作用非常重大；⑤生命线工程系统间的相互影响和作用以及与次生灾害之间的关系倍受关注，如阪神地震中，近一半的次生火灾主要是由于电力系统恢复不当引起的；⑥地震应急预案或防震减灾辅助决策系统(GIS)应用在地震应急中的地位非常重要，但其作用的实际发挥在很大程度上依赖于生命线工程系统的功能损失和实际工程系统的恢复程度。

2.4.1 复杂性

生命线地震工程系统的震害特点与系统的结构构成密切相关，一般包括地上和地下两种结构工程。由于系统功能的需要，生命线系统除了一般常规建筑物外，还包含有大量的特殊建筑物、构筑物和工业设施，其中有各类管道、线路、桥梁、隧道、气柜、油罐、电力变压器、高压电气设备、通信设备等，系统构成十分复杂。

与建筑物相比,人们对这类特种结构的抗震性能的研究和认识尚不够成熟,还难以全面地掌握系统中的隐患和薄弱环节并采取适当措施加以解决,因此造成生命线系统在历次地震中大多损失惨重的震害。生命线工程系统中各类结构的型式迥然不同,其动力特性、抗震能力彼此差异甚大,而其中任一主要设施的地震破坏都将对整个系统的功能发生影响,一些抗震性能相对较差的结构单元在很大程度上决定了生命线工程系统的抗震能力,这体现出了生命线地震工程系统的复杂性。

2.4.2 网络性和广泛性

生命线工程系统以网络形式发挥其功能和作用,网络系统分布地域广阔,供水、输油、供气管线和电力线路常绵延数百公里以上,在如此广大的范围内,地质条件十分复杂,河流、山川、断层、砂土液化、软土沉陷等诸多不良场地条件经常并存其中。理论分析和实际震害均表明,地下管道对场地条件的变化十分敏感,不良的场地条件对能源供应系统的震害影响显著。在生命线系统广大的服务区域内,各部分的管道、线路的材质、口径、壁厚、接口型式等均有所不同,采用刚性接口的铸铁管段、石棉水泥管段与同口径的其他类型管道相比,震害发生率和震害程度均明显增高。这些均体现出了生命线地震工程系统的网络性与广泛性。

2.4.3 重要性

震害统计资料表明,建筑物的破坏是地震造成的人员伤亡的主要原因,而生命线工程系统的震害则是对经济损失、次生灾害和国计民生影响最大的因素。生命线工程系统中不少设施、设备本身具有很高的经济价值,如发电厂的发电机组、桥梁、隧道、大型油罐、气柜、电力变压器、通信设备等的地震破坏均会导致可观的经济损失。1995年的日本阪神地震中,仅电力系统的直接经济损失即达2300亿日元,是日本太平洋战争中全国经济损失的3.5倍多。更为严重的是生命线工程系统的破坏导致城市的地震间接经济损失。台湾集集地震中,因电力供应中断导致IT芯片停顿,不仅使台湾经济损失惨重,还对全球经济产生冲击,所造成的间接损失难以估计。此外,生命线工程系统的地震破坏是地震次生灾害的主要成因,火灾、爆炸、毒气泄漏等次生灾害使灾情大大加重,所产生的人员伤亡和建筑物毁坏数量也相当可观。日本关东大地震中因建筑倒毁致死的不足万人,而在火灾中葬身的人数达9万多。新潟地震中,油罐的破坏和电力故障导致罐区起火,引起邻近工厂的爆炸,火势蔓延,将大面积地区烧成废墟,致使500多人死亡,75%的煤气管道和11座变电站遭到破坏。

2.5 生命线地震工程抗震设防原则

确定地震作用下生命线地震工程的抗震设防标准是既基础而又非常重要的研究

第2章 生命线地震工程概论

工作，它将决定工程抗震的造价是否较非抗震设计提高和提高的幅度，又决定工程结构经历不同强度地震作用后的破坏程度。由于地震作用的随机性和人类资源的有限性，不可能用无限的资源去实现在强烈地震作用下工程结构不发生破坏，而应该寻找人们可接受的安全水平上的最小投入。联合国在20世纪最后十年在全世界范围内开展了"国际减灾十年"活动，其目的在于唤起世界各国政府充分重视自然灾害的防御减灾工作。贯彻防震减灾法，保证经济建设与防震减灾工作的协调发展，完成大中城市具备防御6级左右地震的能力仍是一项艰巨的任务。随着我国国民经济发展和综合国力的增强，特别是伴随着西部开发和诸如三峡大坝、西气东输、跨海大桥等跨世纪工程的建设，生命线工程系统基础设施更趋于复杂化，在为社会提供便利服务的同时，也隐藏着在未来地震中造成巨大灾害的可能性，它们在未来强震作用下能否继续保持正常的功能状态也越来越难于把握。提高城市基础设施抗震能力，降低地震经济损失，地震地质灾害预防和新材料、新结构、新设备等的采用必将推动生命线地震工程迅速的向前发展。

从生命线工程系统所具有的功能来讲，其抗震设防标准应高于一般的工业与民用建筑物，但高多少合适，应采用工程决策的方法确定，也就是说生命线工程的抗震设防标准应从既安全又经济的原则出发来确定。近年来基于功能（或基于性态）的抗震设计思想给结构分析带来了很大的震动，同样生命线工程系统的功能设计思想及方法的研究也将为生命线地震工程设防原则的建立提供帮助。但是不管怎样，由于生命线工程系统是由多种单元和线路组成的网络体系，而其中的每个节点单元都有三种可能的运行状态，即第一种为丧失全部服务功能；第二种为丧失部分服务功能；第三种为服务功能基本完好，因此生命线地震工程的抗震设防原则仍然可以认为是小震不坏，大震时主要单元不丧失功能或能及时修复，即当地震灾害发生时，能尽量减少其自身的损失水平，然后能在最短的时间内恢复正常功能状态。具体地说就是，当地震发生时，生命线工程系统应保证以下四个方面的要求：

(1) 保护和减轻其单元的破坏程度；
(2) 最小程度地减少服务设施的功能损失；
(3) 减轻次生灾害的影响；
(4) 生命线工程系统功能的尽快恢复。

第 3 章 建筑防风

Chapter 3
Construction Windproof

第3章 建筑防风

中国的地理环境，决定了它是一个风灾严重而又频繁的国家。千百年来，处于多灾环境中的中国人民不懈地从事着营造活动，希望创造一个安全舒适、赏心悦目的人居环境，从借助天然庇所，到模仿改造，遂有原始建筑的产生。在与灾害的长期斗争中，推动着建筑的发展和演变。当代社会经济与科学技术的巨大进步，为防御风灾创造了必要的物质条件和技术手段。然而"道高一尺，魔高一丈"，灾害依然此起彼伏，严重威胁与制约着人类的生存与发展。事实反复证明，灾害发生时建筑物的损毁，往往是人员伤亡和财产损失的直接原因。为此，建筑的设计者们对确保建筑的安全，保护人民的生命财产，负有不可推卸的责任和义务。

古代建筑的营造，无建筑与结构之分，建筑的安全由工匠通盘考虑。当代建筑设计的职业分工，容易使建筑师以为建筑安全是结构工程师的任务，在建筑防风设计中尤其突出。建筑师很少主动关心建筑的防风与安全，很少考虑所作设计是否存在安全隐患、是否使结构设计付出不科学、不必要的代价。为此，学习建筑防风的知识是很有必要的。

3.1 灾害性风的基本知识

3.1.1 风、风向与风速

风是空气流动的现象，在全球范围内起到平衡温度、湿度等作用，是人类生存的必要条件。风对排解城市与建筑的空气污染、防暑降温等都有极为重要的作用。同时，风也常常给人类的生产和生活造成灾害，还常与暴雨、寒潮相伴，引起洪涝、海潮等其他灾害。

空气的流动现象有全球范围的"大气环流"和"季风"，有区域性的"气旋"、"寒潮"，以及局部地区出现的"雷暴"、"龙卷"、"海陆风"、"焚风"、"峡谷风"等，还有因城市和建筑物的存在而导致的"城市风"、"街道风"以及建筑周围的"怪风"等。

风向和风速反映风的外部特征。风向是指风吹来的方向，我国在殷代就已出现表示东南西北各风向的文字，汉代出现了铜凤凰和相风铜鸟等测量风向的仪器，以后逐渐将风向细分为24个方位，西方在古罗马时代也有将风向分为24个方位的做法。现代气象学中将地面风向划分为16个方位，将海面上的风向划分为36个方位。

为了表示某地某一风向出现的次数多少，通常用风向频率表示，它是一年内该风向出现的次数与各风向出现总数的百分比。将各方向的风向频率用相同比例的线

3.1 灾害性风的基本知识

段表示，并在各相邻线段的端点之间用线条连接，形成的宛如玫瑰花的图形就是风向频率玫瑰图，简称风玫瑰图。我们在城市规划和建筑设计中经常使用的风玫瑰图，以实线表示全年各风向的频率，以虚线表示夏季各风向的频率(图3-1)。

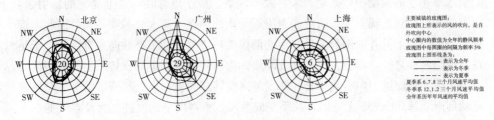

图3-1 风玫瑰图

风速是单位时间内空气移动的距离，表示风速的单位常采用"米/秒"(m/s)或"千米/小时"(km/h)。由于风速的快慢与风力的大小有密切的关系，所以常用风力的大小来判断和表示风速。古代多用树木在风力作用下的征状，判断风速的大小并作为确定风速等级的标准。1805年英国人蒲福(Francis Beaufort)按照风对地面和海面物体的影响程度，将风速划分为13个等级(蒲福风级)，后来他又对每级风的速度范围作了具体规定，成为现代天气预报中普遍采用的风速等级划分方法(表3-1)。有些国家在蒲福风级的基础上作了一些修改，将风速等级增加到18个等级。

蒲福风力等级表　　　　　表3-1

风力等级	自由海面状况		陆地地面物征象	距离地面10m高处的相当风速	
	浪 高				
	一般(m)	最高(m)		km/h	m/s
0			静，烟直上	>1	0～0.2
1	0.1	0.1	烟能表示风向，但风向标不能转动	1～5	0.3～1.5
2	0.2	0.3	人面感觉有风，树叶微响，风向标能转动	6～11	1.6～3.3
3	0.6	1.0	树叶与微枝摇动不息，旌旗展开	12～19	3.4～5.4
4	1.0	1.5	能吹起地面尘土和纸张，树的小枝摇动	20～28	5.5～7.9
5	2.0	2.5	有叶的小枝摇摆，内陆的水面有小波	29～38	8.0～10.7
6	3.0	4.0	大树摇动，电线呼呼有声，举伞困难	30～49	10.8～13.8
7	4.0	5.5	全树摇动，迎风步行感觉不便	50～61	13.9～17.1
8	5.5	7.5	微枝折毁，人向前行，感觉阻力甚大	62～74	17.2～20.7
9	7.0	10.0	建筑物有小损(烟囱顶部及平屋摇动)	75～88	20.8～24.4
10	9.0	12.5	少见，可使树木拔起或将建筑物损坏较重	89～102	24.5～28.4
11	11.5	16.0	陆上很少见，有则必有广泛损坏	103～117	28.5～32.6
12	14.0		陆上绝少见，摧毁力极大	118～133	32.7～36.9

第3章 建筑防风

3.1.2 大气环流与季风

包围地球的的大气层,由下而上可分为对流层、平流层、中间层和外大气层等。影响城市与建筑的风、雨等主要天气现象,都发生在对流层内。地球上的大气处于永不止息的流动中,其动力来自太阳辐射。由于地球在赤道上受到的辐射强,而南北两极受到的辐射弱,造成赤道附近与南北两极之间大气温度不同,因此赤道附近的热空气上升并向两极流动,南北两极的冷空气不断下降并向赤道流动。于是在赤道与两极之间,形成大气的南北环流。南北环流受到地球自转产生的地转偏向力的作用,在前进中向右侧偏转,纬度越高偏转越大,赤道低气压带的空气向两极流动到南北纬30°~35°上空时,几乎变成西风,不再向南北推进,大量空气拥挤在这一带,形成副热带高压带。在副热带高压带和极地高压带之间的南北纬60°附近,则形成了副极地低压带。于是,大气沿地球经线方向的南北环流,被不同的气压带所分割,在南半球和北半球各形成三条不同流向的风带。地球大气这种有规律的流动,构成了大气环流的基本气流(图3-2)。

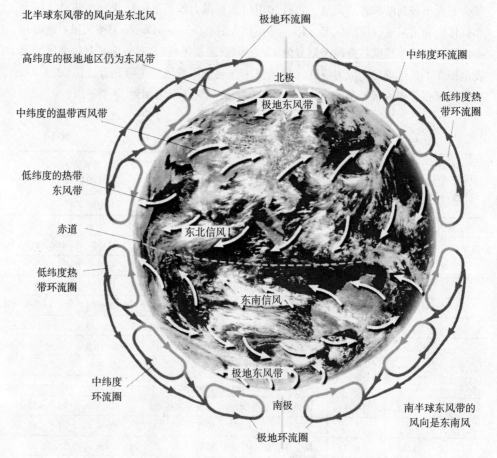

图 3-2 大气环流示意图

北半球从赤道到北纬30°为东风带，风带自东向西移动，吹东北风，风速3～5级且比较稳定，所以又叫"信风带"。在北纬30°～60°之间为西风带，风带自西向东移动，吹西南风，风速较大，所以也叫做"盛行西风带"。在北纬60°以北地区，再度出现东北风，风带自东向西移动。这些风带上部的气流方向相反，形成循环。我国同时受低纬度的东风带和中高纬度的西风带影响。

由于地球表面分布着热力学性质不同的海洋和大陆，对大气环流有很大影响。冬季太阳辐射减少时，海洋冷却较慢，空气温度较高，气压下降，因此空气由大陆流向海洋。夏季太阳辐射增加，海洋增温较慢，空气温度较低，气压上升，空气因此由海洋流向大陆。这种由于海洋和大陆冬夏冷却或增温差异，在海洋与大陆之间产生的大范围、风向随季节变化的大气流动，在气象学上称作季风。

我国东部是世界上著名的季风气候区。冬季在中国以北形成的寒冷干燥的气流，南下成为强劲的冬季风。夏季在夏威夷群岛一带形成太平洋副热带高压中心，推动温暖湿润的东南夏季风北上我国东部广大地区，从赤道附近的印度洋上吹来的西南夏季风，对我国西南南部、华南以及长江中下游地区产生影响。在冬季和夏季之间，冬季风、夏季风的强弱此消彼长，暖湿的夏季风与寒冷的冬季风相遇时，空气中的水分凝结下降，造成长时间、大范围的降水，是我国大陆的重要水源。降水强度和降水区域随着两种季风的强弱变化而变化，存在较大的复杂性和不均衡性，造成风灾和旱涝灾害。

3.1.3 温带气旋与热带气旋

地球大气中的风带受到地面海陆分布、地形变化等因素的影响，会出现局部的变化。就像河流会出现大大小小的波动和涡旋一样，大气的风带中也会出现大大小小的涡旋，跟着风带一起流动。当这种移动着的涡旋经过某一地区时，便带来了该地区的天气变化，气象学称这种涡旋为天气系统，影响我国的主要天气系统包括温带气旋、热带气旋。

我国大陆冬春和秋季都位于西风带内，夏季北纬40°以北也基本处于西风带中。在西风带中，气流经常有大小不一的波动和涡旋，形成温带气旋并自西向东传播。西风带被青藏高原分为南北两支，南支西风经印度和缅甸进入我国南方，给南方各省带来湿润的空气。北支西风大多数经我国新疆、蒙古人民共和国和我国东北，然后东移入海。

按照温带气旋发生发展的区域，可将其分为四类。Ⅰ类气旋多数经过我国东北地区，除了夏季之外，这类气旋后都跟随着冷空气南下。在春季则会带来大风和沙尘天气，是各类温带气旋中最强的一类。Ⅱ类气旋出现在我国华北地区，其数量和强度虽不如Ⅰ类，但却是我国华北地区降水的重要天气系统。Ⅲ类气旋多数出现在长江下游，少数出现在长江中游、淮河中下游和浙江。这类气旋不但有降水，而且会在东海出现较大的风力，影响沿海地区和东海、黄海海域。Ⅳ类气旋形成于东海，成因、路径与Ⅲ类气旋相同，但主要出现在冬季且次数最少。

热带气旋是形成于热带海洋上的大气涡旋，往往带来狂风暴雨和惊涛骇浪，是一种灾害性天气系统。同时，它也带来人类生产和生活不可或缺的降水，是热带地区最重要的天气系统。在西太平洋地区，以往将最大风速达到8级的热带气旋称为台风，在东太平洋及大西洋地区则称其为飓风，在印度洋地区称其为热带风暴，在南半球称为热带气旋。我国气象学界曾经按照热带气旋近中心最大平均风速，将其分为强台风（风力12级及以上）、台风（风力8～11级）和热带低压（风力6～7级）。对出现在东经150°以西的台风，按年度及出现的先后顺序进行编号，如"8501号台风"即表示1985年第1号台风。从1989年1月1日开始，我国采用国际标准，对热带气旋按照表3-2的规定进行分类。

热带气旋的分类   表3-2

热带气旋的名称	近中心最大平均风速(m/s)	风力等级
台风(Typhoon)	≥32.7	≥12
强热带风暴(Severe tropical storm)	24.5～32.6	10～11
热带风暴(Tropical storm)	17.2～24.4	8～9
热带低压(Tropical depression)	≤17.1	≤7

热带气旋发生在南北纬约5°～20°之间海水温度较高的洋面上。全球风力8级以上的热带气旋主要发生在北半球的北太平洋西部和东部、北大西洋西部、孟加拉湾和阿拉伯海以及南半球的南太平洋西部、南印度洋西部和东部。北太平洋西部是热带气旋发生最频繁的地区，每年发生的热带风暴占全球总数的38%，因此我国东南地区是世界上受热带气旋影响最频繁、最严重的地区之一。

热带气旋形成和发展的问题，至今尚未有比较完善的结论，多数认为热带气旋是由赤道附近东风带中的涡旋引发的。在赤道附近南北纬5°～20°左右的洋面上，空气在强烈的太阳辐射下会出现弱小波动，局部气温较高、气压低于周围，于是暖空气向这里聚集，在地转偏向力的作用下形成逆时针方向的涡旋，并带动周围的空气旋转（图3-3）。

图3-3中的(b)图表示：流向涡旋中心的气流受到与前进方向垂直向右的地转偏向力(f_A，f_B，f_C，f_D)，使气流总体上呈逆时针方向旋转。(a)图表示：逆时针旋转的气流，也受到与前进方向垂直向右的地转偏向力(f_A，f_B，f_C，f_D)，由于纬度越高地转偏向力越大，所以图(a)中地转偏向力的合力指向北方($f_A>f_C$，f_B与f_D抵消)，而图(b)中地转偏向力的合力指向西方($f_A>f_C$，f_B与f_D抵消)，使气旋整体上向西北移动。

3.1 灾害性风的基本知识

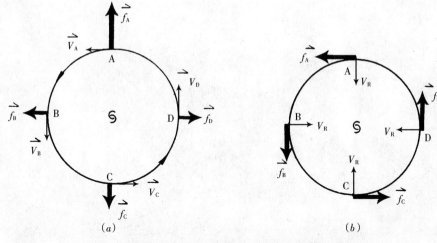

图 3-3 热带气旋形成和移动机理示意图
(a)由气旋式旋转运动引起的向北移动的内力；(b)由辐合运动引起的向西移动的内力

涡旋中心的暖湿空气不断上升，在上升的过程中，水分冷凝成为云雨并释放出大量热能，促使气流上升得更快，而更多的暖湿空气源源不断地向涡旋中心集中，如此循环，涡旋旋转速度越来越快，形成热带气旋。热带气旋中的大部分因为不能继续得到暖湿空气的补充等原因而消亡，少数发展成为热带风暴，其中一部分发展成为强热带风暴甚至台风。热带风暴的范围很大，在平面上它像是一个近于圆形的空气大涡旋，直径从几百千米到一千千米，有的甚至达两千千米。其高度约 15～20km，少数可达 20km(图 3-4)。

热带气旋生成后，在地转偏向力的作用下向西北方向移动，平均移动速度约

图 3-4 热带气旋卫星照片

20～30km/h。影响我国的热带风暴的主要移动路径见图 3-5。由于热带风暴周围流场等因素的影响，移动路径十分复杂，有些热带风暴在移动过程中会左右摆动、打转或停滞，有些热带风暴登陆后又转向海面，得到加强后再度登陆。

热带风暴产生的灾害性天气包括大风、暴雨和海潮。热带风暴的风力很大，世界上已知的最大风速达 110m/s，1958 年 9 月 24 日出现在太平洋上。1962 年 8 月 5 日，在台湾花莲—宜兰一带登陆的热带风暴，最大风速达 75m/s，是我国陆上测到的热带风暴最大风速。在我国登陆的热带风暴中，有 40% 是台风(风力不小于 12

第3章 建筑防风

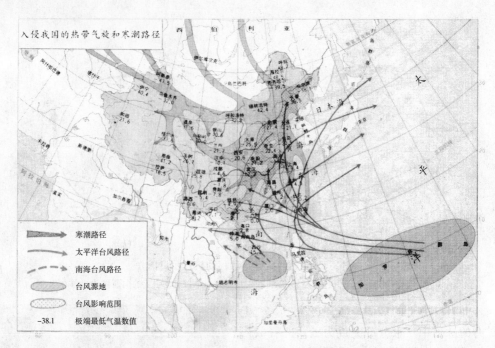

图 3-5 入侵我国的热带气旋和寒潮路径

级)。台风中心附近 15～25km 范围内的风力可以远远超过 12 级,半径 100～200km 范围内风力高达 10～11 级,半径 300～400km 范围内风力也有 8～9 级。

热带风暴登陆后会给所经过的地区带来暴雨,24 小时降雨量 300mm 的特大暴雨是常见得,个别甚至达到 1000mm 以上,造成洪涝灾害。有些热带风暴在深入内陆后虽然已经很弱,但在特定的天气条件下会重新产生大暴雨,造成内陆地区严重的洪涝灾害。有些热带风暴深入内陆后地面环流虽已消失,但在较上层仍保持气旋环流,甚至可以在远如云南、陕西、黑龙江等地区形成大范围的中小降雨。

热带风暴中心附近的低气压使海面上升,形成随风移动的海浪。在接近陆地时,受到沿岸海底地形的阻挡,海浪更加高涨,若逢农历初三、十八的天文大潮,两种海浪作用叠加,会造成沿海地区严重的潮灾。在江河出海口,江河外流受高涨的海潮阻挡,甚至倒灌回流,引起江河流域大范围的涝灾。

3.1.4 寒潮、雷暴、飑和龙卷

在我国中、高纬度地区,冬半年经常出现局部的低温现象,引起空气下沉并向四周流动,中心气压上升,在地转偏向力的作用下形成顺时针方向旋转的气旋,其气温分布和旋转方向恰好与热带气旋相反,所以叫做冷性反气旋或冷高压。强烈的冷性反气旋带来强冷空气,如同寒冷的潮流滚滚而来,在广大地区造成剧烈降温、大风等灾害性天气,所以称其为寒潮。入侵我国的寒潮路径见图 3-5。

冷性反气旋的出现相当频繁，大约每 3~5 天就有一次，但强度大小不一。按照我国中央气象台的规定，由于冷空气的侵入使气温在 24 小时内下降 10℃ 以上，最低气温降至 5℃ 以下，作为发布寒潮警报的标准。另外，长江中下游及其以北地区 48 小时内降温 10℃ 以上，长江中下游（春秋季则改为江淮地区）最低气温不大于 4℃，陆上三个大区有 5 级以上大风，渤海、黄海、东海先后有 7 级以上大风，也作为寒潮警报标准。如果上述区域 48 小时内降温达到 14℃ 以上，其余同上，则作为强寒潮警报标准。

冬半年寒潮天气的突出表现是大风和降温，风速一般可达 5~7 级，海上可达 6~8 级，有时短时出现 12 级大风。大风强度以我国西北、内蒙古地区为最，大风风向在我国北方为西北风、中部为偏北风，南方为东北风，大风持续时间多在 1~2 天。

雷暴和飑（biāo）是一定强度的积雨云强烈发展的结果。夏季晴天的下午，常见翻滚的对流云迅速上升，那耸立的云体不久便扩散开来，成为密布的乌云，顿时狂风四起、电闪雷鸣，这种发生在积雨云中的放电、雷鸣现象就是雷暴。较强的雷暴出现时，风力骤然加强，风速常达到 20m/s，有的甚至可达到 50m/s，风向急剧变化，气温下降，暴雨倾盆，甚至伴有冰雹、龙卷。气象学上把这种局部突然出现的强风现象称为飑。

雷暴和飑的形成需要有充沛的水气和强烈的上升气流，所以它的出现有一定的地区性和季节性。纬度较低的地区多于纬度较高的地区，内陆多于沿海，山地多于平原，夏季最多，冬季几乎绝迹。雷暴的移动受地形地貌的影响很大，在山区的雷暴受山地阻挡，常沿着山脉移动，发展强盛的雷暴可以越过不太高的山脊。在海岸、江河、湖泊地区，空气因水面温度较低而下沉，雷暴移动到这类地区时强度减弱，一些较弱的雷暴不能越过水面而沿岸线移动。

雷暴往往成群出现并呈狭窄的带状排列，飑与这些带状排列的雷暴同时出现，形成一条强烈的对流天气带——飑线。飑线的宽度只有 0.5~6km，长度一般为 150~300km，持续时间多为 4~10 小时，短的只有几十分钟。飑线在一个地区上空移动时，该地区风速急增、方向突变并伴有雷暴、暴雨，甚至有冰雹、龙卷等，是一种严重的灾害性天气。我国大部分地区每年都有飑线出现，多见于春夏两季，秋季不多，冬季罕见。

龙卷风是积雨云中伸展出来的漏斗状高速旋转的气体涡旋，气象学中叫做龙卷。其直径一般在 1000m 以下，高度在 800~1500m 左右，移动距离从几千米至几十千米，生存时间少则几分钟、多则几小时，但它的风速可高达 200~300m/s，具有极大的破坏力（图 3-6）。只要具备空气强烈对流的条件，一年四季都可出现龙卷风，尤其是在温暖的季节里。龙卷风在世界各地都有出现。美国是世界上发生龙卷风最多的国家，平均每年有 700 个，大约占同期世界龙卷风总数的一半，主要发生在中西部各州。其次是澳大利亚、英国、新西兰、意大利、日本等国。我国龙卷风主要发生在华南、华东地区以及西沙群岛。

第3章 建筑防风

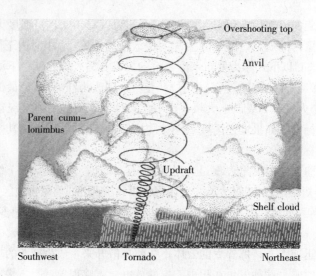

图 3-6　龙卷风结构示意图

3.1.5　海陆风、山谷风、城市风和静风

地形、地貌和地物的存在都会对风的速度、方向等产生影响，形成一些局域性的特殊气流，如海陆风、山谷风、峡谷风、城市风，以及小尺度的街道风、建筑群的湍流等。大风经过干旱的沙漠、黄土高原地区时，还会引起风沙灾害。

海陆风与季风一样，都是由于海陆分布所形成的周期性变化的风。但海陆风以昼夜为周期，范围也仅限于海陆交界的局部地区。白天风从海上吹向陆地(海风)，最大风速可达 5~6m/s；夜间风从陆地吹向海上(陆风)，风速 1~2m/s。海陆风的风速相对较低，不足以造成灾害，但对这些地区的城镇规划和建筑设计都有重要影响。

当大范围的风比较弱的时候，在盆地、山谷或有些高原与平原的交界处，会出现白天风从谷地吹向山坡(谷风)，夜间风由山坡吹向谷地(山风)的现象。冬季山风比谷风强，夏季相反。山谷风的强度一般不足以造成灾害，但对这些地区的工业排污和建筑设计都有重要影响(图 3-7)。

图 3-7　谷风和山风示意图

当气流由开阔地区进入峡谷时，气流横截面缩小、流速加快而形成强风——峡谷风，这是气流"窄管效应"的结果。这种现象使大范围的风气候在局部地区发生很大变化，是影响城镇规划和建筑设计的重要因素。

风沙是沙暴和尘暴的通称，也叫沙尘暴，是风携带大量尘沙或尘土而使空气浑浊、天色昏黄的现象，主要是由于冷空气南下时，大风卷扬尘沙或尘土所致。我国的风沙主要发生在内蒙古、宁夏、甘肃和新疆等地，对我国西北地区的社会经济发展和城市建设威胁很大。特别强大的风沙，其影响可波及我国东部地区。

城市气温明显高于郊区的现象叫做城市的热岛效应。当大范围的风速很小时，由于城市热岛效应的存在，市区空气上升、郊区近地面的空气从四面八方流入市区，形成速度缓慢的热岛环流——城市风系。当风吹过城市的时候，气流往往会顺着街道流动，风速和风向因此发生了变化，形成所谓街道风。当风吹过建筑群的时候，气流的分布、流速和流向都发生显著的变化，并出现十分复杂的湍流现象。特别是在高层建筑群之间和周围相当大的范围内，会出现局部的、风向变化不定的灾害性强风。

风速小于 0.3m/s 的微弱风称为静风。在大城市和工业区，静风会造成空气中污染物的积聚，使空气质量下降，甚至造成严重的空气污染。

3.2 防风规划设计的原理

3.2.1 风与城市和建筑的关系

1. 风与城市和建筑的相互影响

风是城市的环境要素之一，对减少城市空气污染、夏季降温和动植物生长等都有十分重要的作用。城市产生的有害气体和粉尘等，需要风来稀释并带到郊外。在炎热的夏季，城市受到的太阳辐射热和生产、生活中产生的热量，通过风扩散到郊外，起到降温的作用。

风是建筑的环境要素之一。空气在建筑物室内外之间流动的现象就是所谓"通风"，通风对于减少室内空气污染、减少粉尘和异味，保持空气的洁净和新鲜等，都是必不可少的，所以通风是建筑设计的基本要求之一。除了少数建筑采用机械通风外，大部分建筑都是利用自然风达到通风的目的。

风具有能量——风能，是一种无污染的可再生能源。在蒸汽机出现之前，风力和水力是人力之外的两大动力来源，数千年前我国和尼罗河流域就出现以风力驱动的帆船，后来利用风车取水灌溉和加工谷物。风车于 13 世纪传入欧洲，自 20 世纪初以来风力机发电得到广泛的发展，全球风力机数量曾多达数百万台，但后来大部分被蒸汽机和内燃机所取代。全球性"能源危机"和"环境污染"的加剧，使风能的利用重新受到重视。我国的风能资源比较丰富，如何对这一巨大的能源加以合理的利用，也是城市规划与建筑设计的一个最大课题。

第3章 建筑防风

当风的速度超过一定的范围,风就可能对人类的产生、生活和城市建设造成危害。强风对道路、桥梁、线路和通信设备的危害很大,甚至造成车辆倾覆,对航空和航运的影响尤为严重。强风可能造成支架倒塌、线路中断,尤其在线路积冰时危害最大。在城市建设中强风的影响更为广泛,可能危及人的生命安全,造成各种城市设施的破坏,如建筑物和构筑物的倒塌和损坏,树木倒伏、管线断裂等等,致使停水、停电、供气供暖中断、交通中断等等,使城市和建筑的部分功能丧失,甚至导致城市瘫痪。

寒潮大风除了产生强风灾害外,还可能造成建筑物、构筑物和其他设施因热胀冷缩而产生破坏,或所含水分因冻涨而产生破坏,如地基冻涨导致建筑物或构筑物损坏、水管冻涨破裂等。风沙(沙尘暴)不仅使空气质量下降、能见度降低,还会对各种设备造成损害,严重影响生产和生活,危害城市与建筑。相反,当风速过小时也可能造成灾害性后果。当风速小于 0.3m/s 时,即所谓"静风"现象,可能导致城市和工业区空气中的污染物不能及时排出郊外,使空气质量下降,甚至造成严重的空气污染。在夏季还会使城市中的热量不能及时排出,气温居高不下。

城市大范围密集而高低参差的建筑物,对流经城市的风产生阻滞作用,降低风速,改变风向,使风环境发生显著的变化。大城市市区平均风速一般比郊外空旷地区低 30%~40%。例如北京城区的年平均风速比郊区减小约 41%。上海、广州、西安的城区年平均风速比郊区的减少量分别是 40%、37%和 30%。小城市对风速也有明显减弱作用。随着城市的扩大和多、高层建筑的增多,城市风速有继续减小的趋势,这有利于减少建筑物上的风荷载和城市各种设施因风灾造成的损失,但不利于污染物的排出和夏季降温,增加了静风出现的概率。

城市中排放出大量废气、废液、废渣、尘埃,燃烧时放出的热量等,在城市上空的一层灰蒙蒙的薄幕,使城市的气温高于郊区,形成所谓"热岛效应",在城市和郊区之间形成小型的局地环流,即"城市风"。城市风的出现加重了市区的大气污染程度。高大建筑物及建筑群,往往会使近地面局部地区的风速增大,风向发生显著的变化,在街道上形成顺着街道走向的"街道风",在建筑物周围的某些部位出现强风或风向突然变化的风,对行人和行车的安全造成威胁。也可能在建筑物周围的局部出现回旋气流或静风,严重影响建筑的通风。由此可见,风对城市与建筑的影响利弊皆有。而城市与建筑的存在,反过来也对风产生影响,形成了特殊的风环境,有利也有弊。

2. 风灾对建筑发展演变的影响

原始人类为避风雨寒暑和虫蛇猛兽,"冬则居营窟,夏则居橧巢"。旧石器时代人类居住的洞窟,洞口皆避开当地大风方向,并与水源保持一定高差,以防风害水患。早期建筑的雏形,如风篱、窝棚、早期干栏、穴居、半穴居等,主要功能皆在防风避雨(图 3-8),防风避雨成为建筑起源的直接原因。

3.2 防风规划设计的原理

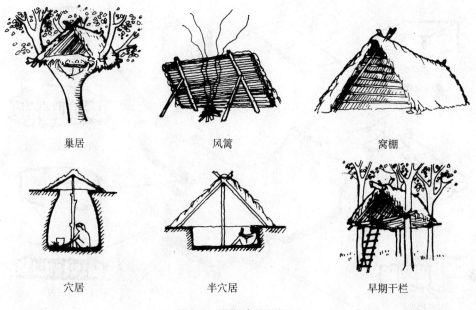

| 巢居 | 风篱 | 窝棚 |
| 穴居 | 半穴居 | 早期干栏 |

图 3-8 早期建筑的雏形

在建筑的发展演变过程中，风灾客观上对建筑起到了优胜劣汰的作用，人类一次又一次地从成功中总结经验，从失败中汲取教训，使建筑的设计逐步优化，这种现象与生物史上的进化过程有所相似。建筑平面的长宽比即面阔与进深之比，平面长宽比较大，不利于抵抗强风和地震等侧向荷载，对建筑的防风抗震性能影响很大。商周至东汉的宫殿平面长宽比较大，这种状况大约从唐代开始转变，以后逐渐减小，宋《营造法式》殿堂平面长宽比为 1.6～2.0。殿堂平面长宽比的取值，与礼仪制度、建筑材料、结构形式等多方面因素有关，但防御强风等灾害毕竟是最基本的物质技术因素，这在风灾严重地区表现得尤为明显。我国东南沿海是风灾影响最严重的地区之一，根据对该地区现存七十余例古代殿堂建筑的调查和统计，平面长宽比的平均值仅为 1.4。少数平面长宽比大于 2 的实例，皆有特殊的加固措施。

中国地域辽阔，各地自然条件和文化传统迥异，风灾的类型和影响程度也各不相同，促成了不同地区建筑形式与特色的多样化，这在风灾较严重的地区尤为突出。我国西部、北部和沿海及岛屿是风灾最为严重的地区，最大风速在 10 级以上。这些地区的居民利用当地的条件，创造了形式多样、极富地方特色与良好防风性能的民居，风灾及其防御成为促成建筑形式多样化的因素之一（图 3-9）。

中国的砖石建筑起源较早、水平颇高，但在地面建筑中未得到充分的发展。然而出于防风灾的需要，砖石建筑仍有所发展且不乏成功之作。我国东南沿海地区为抵御台风海潮灾害，出现了巨型石梁石墩桥，如福建泉州的洛阳桥等，其施工方法

第3章 建筑防风

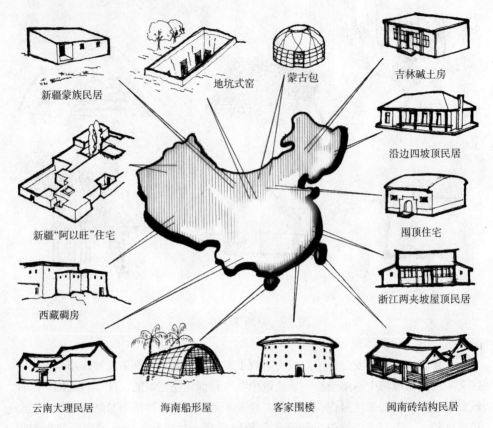

图 3-9 我国风灾严重地区的民居建筑
（其中阴影部分为最大风速在 10 级以上的地区）

和防灾技术堪称一绝。

防风灾还是古代建筑风水理论的起因与核心内容之一。古人将各种灾害归于神的意志，凡举大事，必先卜问，以求避凶趋吉。聚落、房屋等的选址建设更是如此。至原始社会末期即有了确定方位、辨别土质、考察山川为要点的"相宅"方法，与秦末汉初产生的阴阳、五行、八卦等哲学思想结合，形成所谓"风水"。剔除其深奥晦涩的哲学思维和直观外推的思辨方法，可知其实际上是借对建筑环境的选择、房屋布局设计，以及某些形式与象征手段，达到消灾避祸、趋吉避凶的目的，亦即防灾避灾。在当时的各种灾害中，风、水之灾为首要，应是"风水"之名的来源。

当代城市化的加速发展，高层建筑、超高层建筑和建筑群的大规模兴建，在努力克服风灾制约的同时，又产生了城市"风环境"的新问题。回顾风灾与建筑发展演变的历史，可以预见对高层建筑防风灾和城市风环境问题的研究和实践，必将深化人类对自然环境的认识，推动城市与建筑的新发展。

3.2 防风规划设计的原理

3.2.2 建筑风灾的基本特征

1. 我国大风地域分布特征

灾害性大风是在一定环流和天气形势下发生的，冬春季节因冷空气的南下，北方各省以偏北大风为主，寒潮大风几乎可以遍及全国。夏季大范围的强风主要由台风造成，台风主要影响我国东部地区，雷暴大风和龙卷风具有一定的局域性。图3-10是我国大风日数的分布图，大风日数是当地瞬时最大风速超过17m/s（相当于8级大风）的天数。如图3-10所示，全国有四个大风日数高值区，它们分别是青藏高原、中蒙边境地区和新疆西北部、东南沿海及其岛屿、东北松辽平原。另外，有些地处高山、河谷、山脉的隘口也是大风高发区。在我国绝大多数地区，春季大风日数最多，冬季次之，而夏季最少。

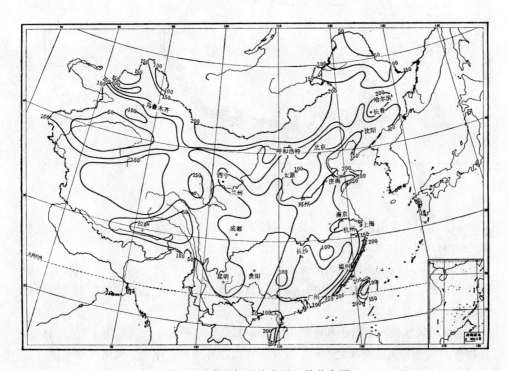

图3-10 我国年平均大风日数分布图

建筑风灾的严重程度，虽然与大风出现的频率有关，但主要取决于最大风压力及其持续时间的长短。我国建筑防风设计中采用的"基本风压"（w_0），是将全国700多个气象观测站点30多年来积累的风速资料，统一换算成离地10m高、自动记录的10min平均年最大风速，经统计分析确定重现期为50年的最大风速，再按照风速与风压的关系换算成风压的。图3-11是我国基本风压的分布图，从中可以看到我国风压的分布的几个特点。

第3章 建筑防风

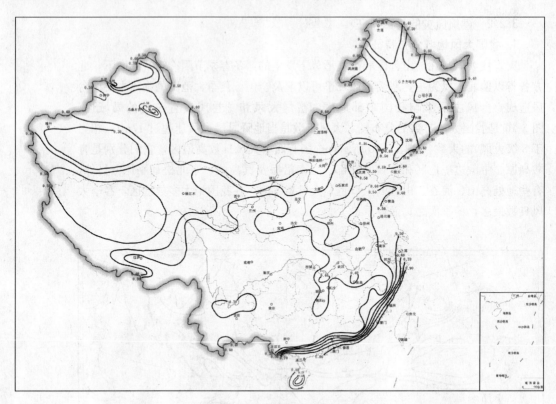

图 3-11 全国基本风压分布图

(1) 东南、华南沿海和岛屿受台风的影响，基本风压最大。三北地区受大气环流的影响，风压较大，而云贵高原和长江中下游地区的风压较小。

(2) 等风压线由沿海向内陆减小，且平行于海岸。台湾、海南岛、西沙、澎湖列岛等海岛，风速由海岸向岛中心减小，风压自成系统。这是由于陆地表面的摩擦力较大，使风速减少。

(3) 等风压线在太行山和横断山脉等地都是平行于山体，这是由于气流遇到山脉屏障，风向和风速都随之发生了变化。在四周环山的盆地，等风压线基本是沿盆地的走向，风压较小。雅鲁藏布江、澜沧江等河谷的两岸地区，风速较小。这些都是在较大尺度地形的影响下，气流的摩擦效应和绕爬运动作用的结果。

2. 建筑风灾的基本规律

联合国"国际减轻自然灾害十年委员会"专家组对自然灾害有这样的界定："灾害是任何一种超过社会正常承受能力的、作用于人类生态的破坏"。风灾作为一种自然灾害，有其自身的规律。正确认识和研究风灾的基本规律，是进行防灾设计的前提和基本依据。

(1) 祸福相因——风灾具有两重性　古往今来，大气在不断的运动之中，人类生存得益于此，也因此受害匪浅。我国改革开放以来突飞猛进的开发与建设，在取得巨大成就的同时，留下了许多灾害隐患，灾害损失日趋严重。100多年前恩格斯在其《自然辩证法》中，以美索不达米亚等地的开发所带来的灾难告诫人们："不要过分陶醉于我们人类对自然界的胜利，对于每一次这样的胜利，自然界都对我们进行报复"。因此，应该充分认识灾害的两重性，积极探索防灾设计理论与方法，化险为夷，变害为利。

(2) 祸福难卜——风灾具有偶然性　风灾有其规律可循，但受人类认识水平的局限，对风灾发生的时间、地点、程度以及可能造成的危害等，难以完全预测，特别是龙卷风、雷暴等过程短暂却破坏力极大的灾害性大风。而作为设计依据的规范、标准等，也难免存在不足，若干年即需修订一次。因此，不能以为只要按规范设计便可万无一失，应主动考虑可能存在的灾害隐患，减少灾害发生的可能或减少灾害损失。

(3) 在劫难逃——风灾具有必然性　就某一具体地点而言，风灾是否出现及危害程度都存在偶然性。但就一定范围的区域而言，某些风灾的出现或早或晚、非此即彼。灾害是可以防御的，但某些毁灭性和大范围的灾害性大风所造成的灾害却是难以完全避免的，应考虑灾害发生时可能出现的不利情况，作为防灾设计的前提。要让建筑物在各种灾害中都能绝对安全，需要付出巨大的代价，经济上不合理，技术上也不科学。为此，应综合考虑灾害的危险程度、建筑的重要性和经济技术条件，确定防御标准和技术措施外，更要本着顺应自然的态度，采取积极适应灾害环境的措施，以避免或减轻灾害损失。

(4) 祸不单行——风灾具有连锁性　一种灾害会诱发另一种或数种灾害，热带气旋可诱发潮灾、洪涝等伴生、次生灾害，而大风倒树、损毁市政管线，又将导致交通阻塞、通信中断、停水停电等衍生灾害。现行的防御单一灾种的设计理论与方法对此无能为力，需要研究综合防灾的理论与方法。

(5) 天灾八九是人祸——风灾与人类行为相关联　城市与建筑的规划设计不合理，或对灾害性风的预测预报失误、或疏于防范等，都可能导致灾害的发生或加剧灾害的严重程度。各种灾害的产生都是自然因素与人为因素共同作用的结果，如果不在地震区建设，就无所谓震灾；不在洪泛区建设，就无所谓水灾。不同历史时期、不同灾害种类，其中自然因素和人为因素所占比重不同。与地震相比，火灾的人为因素更多些；古今同类灾害相比，现代灾害中人为因素更多些。

3.2.3 建筑上的风压与风荷载

1. 风压的形成及其特性

流动的空气遇到障碍物时，会因流动受阻而使气压升高，在障碍物表面产生压力——风压。风压的大小与风速的平方成正比，还与空气的密度和当地的重力加速度有关，可由风速风压关系公式（伯努利方程）表示，即 $w=\gamma v^2/2g$。其中 w 为风压；γ 为空气重度；v 为风速；g 为重力加速度。设 k 为风压系数，$k=\gamma/2g$，则风速风压关系公式可表示为 $w=kv^2$。由于各地区的空气密度和重力加速度各不相同，风压系数 k 的数值因地而异，相同的风速在不同地区所形成的风压不尽相同，在内陆地区较大，沿海地区较小，高原地区最小。以汉口和拉萨相比，相同风速下汉口的风压值比拉萨的风压值大 1/3。

流动的空气在建筑物表面附近形成的高气压，对接踵而来的气流产生缓冲作用，使气流速度减小，风压下降，而接踵而来的气流再度加速，又形成新的高气压，建筑物表面的风压因此发生周而复始的变化，使建筑物产生振动，而振动着的建筑物又会反过来影响其表面风压的变化。因此，风与建筑物之间相互影响，即存在一定的耦合关系，从而使建筑物表面的风压分布和变化十分复杂。在建筑维护结构和建筑承重结构的防风设计中，分别采用"阵风系数"（β_{gz}）和"风振系数"（β_z）作简化处理。

流动的空气遇到建筑物时，会改变方向，向四周"溢流"，在建筑物表面附近所形成的压力分布很不均匀，大致上是中心部分的风压大，四周风压较小。建筑物表面风压的大小和方向，除了与风速和风压系数有关外，还与建筑物的形状、尺度、表面的粗糙程度、以及与风向的相对方位等都有很大关系，所以建筑物表面各部位上风压的分布是十分复杂的。在防风设计中，采用了"风荷载体形系数"（μ_s）对不同的受风面作此简化处理。

起伏的地形和地表面的粗糙程度，对近地面的气流的阻滞作用较大，对高处气流的阻滞作用较小，在近地面数百米范围内，风速随高度增加而增大。因此，作用于建筑物上的风压也随高度变化而变化，且风压沿高度变化的缓急，与地形起伏程度和地貌类型有关。在防风设计中采用"高度变化系数"（μ_z）对建筑上不同高度处的风压值加以修正。

2. 建筑上的风荷载标准值

作用于建筑物上的风压叫风荷载。在建筑防风设计中一般只考虑作用于建筑物外表面上的风荷载，而建筑物外表面上的风荷载可分解为平行于和垂直于建筑物表面的两种等效荷载。平行于建筑物表面的荷载对建筑影响不大，所以一般只考虑垂直于建筑物表面的风荷载，即建筑外表面上单位面积内所受到的垂直作用力。设计规范所规定的用于防风设计的风荷载，就是风荷载标准值（w_k）。

我国现行《建筑结构荷载规范》（GB 50009—2001）规定，用于设计建筑承重结构的风荷载标准值 w_k 由风振系数 β_z、风载体形系数 μ_s、风压高度变化系数 μ_z 和基本风压 w_0 的乘积构成，即 $w_k=\beta_z\mu_s\mu_z w_0$，分别介绍如下。

（1）基本风压 w_0 《建筑结构荷载规范》给出了全国基本风压分布图（图3-11）和各主要城市的基本风压值，并规定高层建筑、高耸结构以及对风荷载比较敏感的其他结构，基本风压值应适当提高，并应由有关的规范具体规定。当城市或建设地点的基本风压值在图表中没有给出时，其基本风压值可根据当地年最大风速资料，按基本风压的定义,通过统计分析确定。当地没有风速资料时,可根据附近地区规定的基本风压或长期资料,通过气象和地形条件的对比分析确定,也可按全国基本风压分布图近似确定。

(2)风压高度变化系数 μ_z　对于平坦或稍有起伏的地形,风压高度变化系数 μ_z 应根据地面粗糙度类别,按表3-3确定。地面粗糙度可分为 A、B、C、D 四类。其中 A 类指近海海面和海岛、海岸、湖岸及沙漠地区;B 类指田野、乡村、丛林、丘陵以及房屋比较稀疏的乡镇和城市郊区;C 类指有密集建筑群的城市市区;D 类指密集建筑群且房屋较高的城市市区。从表中的风压高度变化系数 μ_z 数值的变化可以看到,在距地面450m高度及以上的风压值不受地面情况的影响。在450m高度以下的风压值随高度的降低而递减,递减的幅度和速率与地面粗糙度相关,地面粗糙度越大则递减得越多、越快。

风压高度变化系数 μ_z　　　　表3-3

离地面或海平面高度(m)	地面粗糙度类别			
	A	B	C	D
5	1.17	1.00	0.74	0.62
10	1.38	1.00	0.74	0.62
15	1.52	1.14	0.74	0.62
20	1.63	1.25	0.84	0.62
30	1.80	1.42	1.00	0.62
40	1.92	1.56	1.13	0.73
50	2.03	1.67	1.25	0.84
60	2.12	1.77	1.35	0.93
70	2.20	1.86	1.45	1.02
80	2.27	1.95	1.54	1.11
90	2.34	2.02	1.62	1.19
100	2.40	2.09	1.70	1.27
150	2.64	2.38	2.03	1.61
200	2.83	2.61	2.30	1.92
250	2.99	2.80	2.54	2.19
300	3.12	2.97	2.75	2.45
350	3.12	3.12	2.94	2.68
400	3.12	3.12	3.12	2.91
≥450	3.12	3.12	3.12	3.12

第3章 建筑防风

对于山区的建筑物，风压高度变化系数 μ_z 还要乘以地形修正系数 η。在山间盆地、谷地等闭塞地形的 $\eta=0.75\sim0.85$，与大风方向一致的谷口、山口的 $\eta=1.2\sim1.5$。

(3) 风荷载体形系数 μ_s　各类建筑体形的风荷载体形系数 μ_s 由规范给出。当采用的体形与规范列出的体形不同时，可参考有关资料采用；无参考资料可以借鉴时，宜由风洞试验确定；体形复杂的重要建筑物，应由风洞试验确定。当多个建筑物，特别是群集的高层建筑，相互间距较近时，宜考虑风力相互干扰的群体效应。一般可将单体建筑的体形系数 μ_s 乘以相互干扰放大系数，该系数可参考类似条件的试验资料确定，必要时宜通过风洞试验得出。

需要注意的是，规范表中给出的数值是建筑物表面相应部位的平均值，而实际上某些部位的风压值可能大大高于平均值。所以，在进行维护结构的设计时，这些部位的风荷载体形系数 μ_s 要采用较大的数值。如处于背风面等位置的负压区的墙面，取 -1.0；对墙角边，取 -1.8；屋面周边及屋脊，取 -2.2；檐口、雨篷、遮阳板等突出构件，取 -2.0。

(4) 风振系数 β_z　建筑物表面的风压周而复始的变化，是一种脉动荷载。当这种脉动荷载的周期与建筑物的基本自振周期相近时，会因"共振效应"而引起建筑物的动力反应，对建筑物的危害很大。但风荷载的变化周期较长，有时可长达 60s，而一般混凝土结构建筑的基本自振周期只有 $0.4\sim0.7$s，所以风荷载对一般建筑物的动力反应影响很小。但对刚度较小、自振周期较长的高层建筑、钢结构建筑和其他轻型建筑，在短周期的脉动风压作用下，就可能出现一定的动力反应。

对于基本自振周期大于 0.25s 的工程结构，如房屋、屋盖及各种高耸结构，以及高度大于 30m 且高宽比大于 1.5 的高柔建筑，均应考虑风压脉动对结构发生顺风向风振的影响。对圆形截面的结构，还应进行横风向风振的校核。风振系数主要与建筑物的自振周期、阻尼特性和风的脉动性能等因素有关，规范对各种风振系数以及阵风系数的其取，都作了规定。由于这些系数的计算比较复杂，这里就不做详细介绍了。

3.2.4　防风规划设计的原则和指导思想

建筑防风灾设计的原则即对建筑安全设计的总要求和总目的，包括以下几个方面：

(1) 确保人员安全和尽可能减少财产损失　灾害造成的直接损失是人员的伤亡以及建筑物、构筑物、城市设施和其他财产的破坏，所以避免人员伤亡和财产损失是防灾设计基本要求。人的生命是最为宝贵的，在任何情况下都要首先考虑人的安全。即使在某些毁灭性灾害的情况下，仍要尽一切可能减少人员的伤亡，并尽可能减少财产的损失。

(2) 综合考虑灾害环境、防灾设计等级和社会经济条件　灾害环境是某一地区灾害的类型及其危险性程度在空间上的分布状况。一般由灾害危险性分析或灾害区划图确定，取决于人们对灾害危险性的认识水平和预测方法的正确性，而防灾设计的等级取决于建筑物的重要性程度。灾害环境和防灾设计等级是防灾设计的基本依据，但同时还要兼顾当地社会经济的发展水平，合理确定防灾设计的标准。

(3) 建筑物和构筑物在灾害中只发生有限破坏　在一些严重性灾害情况下，建筑物和构筑物的损坏难以避免，但必须将灾害造成的损坏控制在一定的范围内，不至于造成倒塌或完全失效，以避免或减少人员伤亡和财产损失，并使建筑物或构筑物在灾后可以修复。

(4) 灾害发生过程中不会导致次生灾害的发生　在风灾发生过程中，因树木倾倒、建筑物和构筑物局部损毁或构件脱落等，常常导致其他建筑物、构筑物和管线设施的损坏，进而发生交通阻塞、停水停电等现象。1988年浙江某大城市的许多行道树被台风刮倒，形成路障并扯断了部分供电线路，加上救灾指挥上的延误，造成大面积的交通中断、停水停电、停工停学，整个城市陷于瘫痪。因此，避免次生灾害的发生往往比防御强风灾害更加重要。

(5) 确保生命线工程在灾害中能够正常使用　生命线工程是保障城市功能、保障人民生命财产安全以及灾害救治所必不可少的建筑物、构筑物和城市基础设施。如道路、桥梁、堤坝、机场、车站、救灾指挥部门、消防站、医院、学校、通信和供水供电供气设施等。在生命线工程的规划设计中，必须提高设计的安全标准，确保在灾害中能够继续正常使用。

防风规划设计的指导思想建立在对人与灾害环境关系的正确认识之上。历史上人与灾害环境的关系经历了三个发展阶段，人类从惧怕与屈服于自然、逃避灾害，逐步发展到可以改变自然、防治灾害，直至试图征服自然，提出"战天斗地"、"抗灾"等口号。结果灾害问题非但没有解决，反而愈演愈烈，迫使人们重新认识人与灾害环境的关系，"减灾"口号的提出并被世界各国广泛接受，便是对灾害环境的一种妥协。

"逃灾"反映出人类对灾害环境的惧怕和无奈，"抗灾"强调的是对灾害环境的征服，而"减灾"强调尽可能地减少灾害损失。从"逃灾"到"抗灾"是人类工程技术进步的结果，而从"抗灾"到"减灾"则是人类重新认识灾害客观规律的结果。但是，"抗灾"和"减灾"都是以人为主体，将人与灾害环境相对立，似乎是处理人类与灾害环境关系的两个极端。应当认识到我们生活于自然之中，也是自然的一部分，应该主动地去适应灾害环境，并依循自然规律对灾害环境加以改善，创造人类与自然相融合的、和谐的人居环境，这才是我们应当遵循的行为准则和追求的理想目标，并以此作为防灾规划设计的指导思想，创造适应灾害环境的城市与建筑。

第3章 建筑防风

3.3 城镇防风规划要点

风是城市和建筑必不可少的环境要素，也是可能造成灾害的不利因素。全面和正确地认识风气候的特点，并加以科学的利用和积极主动的防御，是城市规划和建筑设计的重要任务之一。如若不然，则往往造成严重的后果。北京市某电厂的规划建设，在未对当地风气候进行科学的研究论证的情况下就匆匆上马，投产后因烟尘滞留在山谷中而造成严重的空气污染，不得不将发电量减少60%，造成巨大的浪费。类似现象在湖北、广东等地也曾发生，不仅使重大项目的效益大打折扣，还造成当地农作物减产和生态环境的严重破坏。英国某电站有8座高度超过百米的巨型冷却塔，由于设计标准取值不当，有3座冷却塔被大风吹毁。美国华盛顿州塔科马悬桥桥长1662m，为当时的世界之最。但由于设计不当，桥身在一次大风中反复扭曲直至完全破坏，触目惊心的破坏过程被电影摄影机及时地记录下来，成为大型工程项目风致灾害的典型案例，引起人们对风灾问题的极大关注。

风对城市和建筑的影响及其相互作用的机理是十分复杂的，其中许多现象还具有随机性。目前主要的研究手段包括现场测试、模型风洞测量和计算机数值模拟，研究的成果尚未达到对风速、风向分布的完全可预见的、定量的水平。因此，在城市规划和建筑设计中，采用的方法难免是定性的和粗略定量的。

风对城市与建筑的影响还包括气温的升降，即夏季降温和冬季防寒，以及风对空气湿度变化的影响等问题。由于有关课程对建筑通风降温和防寒保温等问题已有专门的论述，所以本节主要讨论风速和风向的影响。

3.3.1 城镇防风的宏观对策

防御各种自然灾害是城市的基本功能之一，城镇的规划与设计都必须考虑对风灾的防御。例如热带气旋影响显著的我国东南沿海地区，防御风灾是城镇规划与建筑设计的一项重要内容。近二十多年来，我国城镇建设进入快速发展的阶段，但由于技术与经验跟不上要求，往往不重视、不熟悉风灾的规律及其防御措施，风灾损失惨重。仅仅在20世纪80年代的10年间，热带气旋损毁的房屋就达513万余间，伤亡3万余人，其主要原因就在于城镇建设缺乏科学的规划和严格的管理，忽视了风灾的规律和防风灾的历史经验。根据对我国东南沿海地区城镇建设防风灾历史经验的调查研究，提出以下几项具有指导意义或借鉴价值的城镇防风灾对策。

1. "藏风聚气"的选址可以从宏观上避免或减轻风灾的危害

我国古代以"藏风聚气"作为对城镇和建筑选址的要求，这是一种周边围合、北高南低、有山有水的理想化地形地貌环境，即"左青龙、右白虎、前朱雀、后玄武"。其中"左"、"右"和"前"、"后"分别指东西南北四个方向，"青龙"是河流，"朱雀"、"白虎"和"玄武"是不同的山形。这种地形地貌既可以遮挡冬季西北大风，又能减缓夏秋季节热带气旋的影响，具有良好的蔽风性，而河流则是城镇必不可少的水源和排水排污的渠道。

事实上这种理想的地形地貌环境是十分罕见的，绝大多数的城镇和建筑的基址都存在缺陷或不足，需要加以改善或弥补。我国东南沿海以丘陵地形为主，传统村落的选择建设一般选择南向的丘陵坡地，前临池塘，后靠山岗，周围种植树木或竹林，形成良好的居住生活环境。不仅可以减少热带气旋的危害，还利于夏季通风和冬季防寒（图3-12）。

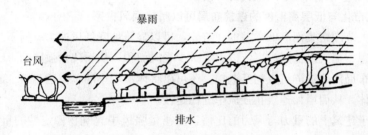

图3-12 沿海村落建筑布局

城镇、建筑的选址应避开可能加剧风灾影响的"风口"地带。古代就有"凡宅不居当冲口处"、"不居百川口处"的经验总结。福建省厦门市的鼓浪屿和广东省汕头市的妈屿岛，都是位于江河出海口的岛屿，岛上的居民区都集中在背海一侧（图3-13），除了方便与大陆的联系外，防御风灾是一个重要的原因。当代城镇建设的急速发展和错综复杂的矛盾，往往使规划建设者无暇顾及风灾问题，更谈不上主动地研究借鉴防风灾的历史经验。1985年10号台风在福建中部沿海登陆并造成很大

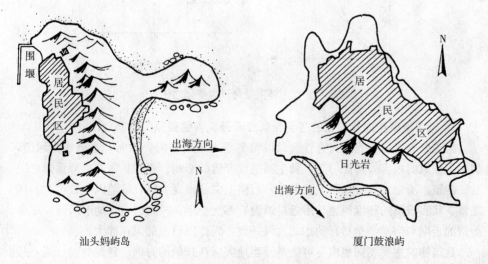

图3-13 沿海岛屿居民区选址

破坏，损毁的房屋中多数并非危房，而是近年来新建的房屋。事后有关部门调查发现，倒塌的新建房屋多位于风口处的独立地段。

科学的选址和对环境的改善，对防御和减少风沙灾害具有特别重要的意义。风沙的流动及其与地形、地貌的相互影响，有其复杂的空气动力学特点和特殊的运动规律。风沙影响严重地区的城市规划建设，应有相关学科专业人员的参与，必须遵循风沙灾害的规律并认真借鉴风沙灾害的历史经验。风沙灾害并不局限在我国西部内陆地区，在东南沿海及其他局部地区，也有风沙淹埋房屋、道路，威胁城镇、村落的现象发生，也是应予以认真防御的。

2. 城市化与低层高密度的建筑布局可以减轻强风灾害

城市大范围密集而高低参差的建筑物，可以显著地降低风速，有利于减少强风造成的危害。建筑以低层为主可以大大减少受风面积，从而减少强风的影响。高密度的建筑布局使建筑群可以相互遮挡，还可以将体量较小的单体建筑组合成为体量较大的整体，从而增加建筑在强风中的稳定性。

作用于建筑上的重力与风力的比值，是衡量强风中建筑物稳定性的重要参数。如图 3-14 所示，边长为 L 的正立方体，所受重力与风力的比值为 $\gamma L^3 / \omega L^2 = L\gamma/\omega$（其中 γ 为立方体的容重，ω 风压系数），重力与风力的比值与 L、γ 成正比，与 ω 成反比。γ 或 L 越大，立方体就越稳定。因此，同样大小的木块和石块，木块 γ 较小容易被风刮走，而石块却不易被风刮走，但当石块破碎成小石砾后 L 显著减小，也容易被风刮走。

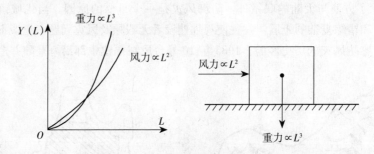

图 3-14 立方体重量与风力变化之比较

3. 城镇道路走向和建筑的主要朝向应避开灾害性强风的方向

当道路的走向与当地灾害性大风以及冬季大风的方向一致时，街道成为风道，加剧了强风的危害，可能对生产和生活造成严重的影响。福建省东部沿海重镇之一的三沙镇，历史上只有一条主要道路，而路上常常出现大风，该镇因而被称为大风之镇。其实该镇的环境风速与附近村镇没有多大差别，只是因为受地形所限，主要街道的走向与当地冬季盛行的东北大风一致，因此街道上的风速加大。

建筑物的主要朝向也应尽可能避开当地灾害性强风的方向。建筑物的长边一般是建筑的主要方向，也是建筑结构上的薄弱方向，所以应尽可能避开当地灾害性强风和冬季大风的方向。灾害性大风的方向，有些是有规律可循的，有些是具有随机性的。广东省汕头市历史上三次有记录的特大热带气旋灾害，其最大风速的方向均为东北风。如果可以确定当地灾害性大风的方向具有这样的规律性，就可以成为规划设计的依据。

4. 植树造林、保存城墙土坎等作为防风屏障

我国早在秦代就有种植行道树的记载，汉代开始在城市造林。宋代福州遍植榕树，"绿阴满城，暑不张盖"，因此得名"榕城"。传统城镇和村落周围大都种植树林或竹林并严加看管，称为"风水林"或"风水竹"。植树绿化的防风作用十分显著，在防风林带迎风的一侧，风速在距林高5倍处开始减弱，背风一侧在林高20倍范围内的风速可降低25%，因此植树造林是一项重要的防风措施。

墙体等密实性风障，在背风一侧15倍墙高的范围内，风速可减少50%～60%。在迎风面一侧，风速从离开墙体5～10倍高度处开始下降，至近墙处风速可减小40%～50%并产生涡流，沙土因而在此堆积(图3-15)。

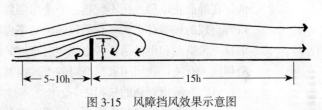

图3-15 风障挡风效果示意图

城墙、土坎等都是很好的风障，应加以保护和利用。明代为防倭寇，在福建沿海建设了许多卫所城堡，其中不少被保留至今。据调查，主要原因是它具有重要的防风防沙作用。例如莆禧城，当地热带气旋和风沙灾害十分严重，城墙外堆积的沙土已高于城内地面。若无城墙保护，房屋和街道可能早已被沙土掩埋，因此当地有在城墙外建房"不吉利"的说法。

3.3.2 风与空气污染的防御

1. 风向频率的影响

1914年A. Schmauss提出工业区应布置在主导风向的下风方向，居住区应布置在其上风方向的原则，后来被世界上很多国家所采用，我国过去也采用了这个原则。但是，在中国等季风气候的国家里，冬季风和夏季风的风向相反，出现的频率相近，冬季的上风方向地段在夏季往往变成下风方向，而冬季的下风方向地段在夏季往往变成上风方向。在不同的地区，受当地特殊的地形地貌影响，风向频率具有不同的特点。因此，简单地将城市用地按照主导风向的上风向和下风向进行划分，存在不合理之处。按照我国城市的风玫瑰图，城市的风向频率特点大致可以分为以下四种类型。在城市规划中，应考虑各类风向频率的特点，采取相应的措施。

(1) 双主导风向型　盛行风向随着季节的变化而转变，冬夏盛行风向基本相反，所以也称为季节变化型，我国东部大部分地区属于这种类型。双主导风向地区的城市规划，不能仅仅根据全年风向频率玫瑰图，还要分别考虑1月份和7月份的风向玫瑰图，避开冬夏对吹的风向。工业区等有污染的建设项目布置在最小风频的

上风向，居住区在其下风方向，使居住区的污染机会最小。

(2) 主导风向型　一年中盛行风方向的变化在90°之内，我国西部大部分地区、内蒙古和黑龙江西部都属于这种类型。在主导风向地区的受污染区域，一般都在污染源的下风风向，所以一般都将有污染的建设项目安排在主导风向的下风方向。

(3) 无主导风向型　一年中各方向的风频率相差不大，一般在10%以下，没有一个主导风向，主要出现在我国中部的宁夏、甘肃的河西走廊和陇东以及内蒙古的阿拉善左旗等。在这种地区，某一方向上的污染程度，主要取决于风速的大小。因此，在城市规划中应将污染源布置在当地最大风速方向的下风位置上。

(4) 准静止风型　全年静风频率超过50%～60%，年平均风速为1.0m/s，主要出现在我国中部的四川、陇南、陕南、鄂西、湘西、贵北和西双版纳的部分地区。在准静止风型地区不宜选择一个出现频率最高的风向作为主导风向，因为这个风向出现的频率并不大，其他风向的频率也较小。这些地区不宜建设有严重污染的项目，污染源和生活居住区之间须有足够的防护距离。防护距离主要与污染物的类型和风速有关，我国国家标准对各类风向类型地区的工业企业卫生防护距离有所规定，可作为城市规划的依据之一。

在上述各种风向频率类型中，风向都是指近地面的风向。应注意风向往往会随高度的增加而发生变化，近地面的风向与上空风向并不一致，有时差别很大。所以，不能只从地面观测的风来推断高空中污染物的扩散轨迹。

2. 复杂地形的影响

我国的地形复杂，海岸和湖岸线较长，出现山谷风、海陆风和湖陆风的地区较广，应注意其对城市规划的影响。山谷、丘陵、海岸和大湖沿岸，局地气流有时会与主导风向不一致甚至相反。在全年风向玫瑰图上，山谷风、海陆风与季节变化型风的图形是一样的，只有按照月份或季节分别绘制风向玫瑰图，才能看出山谷风、海陆风与季风型风的不同，具有与平坦地形不同的局地污染特点。

(1) 山区风向的变化十分复杂。在坡地或山丘上，气流会沿山坡抬升，而在背风面会出现强烈的湍流，烟囱等污染物排放点设在低处时，可能出现烟气下沉触地，发生地面严重污染的现象。山谷地带往往出现与主导风向不一致的局地气流，白天空气顺着山坡向山顶爬升形成"山风"，夜间空气由山谷向山谷底流动形成"谷风"，风速往往大于"山风"。山地这种近地面昼夜方向相反的山风和谷风就是山谷风(图3-7)。南北走向的山谷，朝南一侧的空气受日照升温形成山风，朝北一侧的空气温度较低而产生谷风，也会形成一种山谷风。此外，当大范围的风吹过山谷时，会带动山谷中空气的环流而形成山谷风。

(2) 在山谷风风向变换期间，风向不稳定，风速很小，山谷中污染源排出的污染物聚积在山谷，会造成严重的空气污染。夜间温度较低的"谷风"沿着山坡下滑沉积在谷底，不仅会将污染源排出的污染物带回谷底，而且使山谷中的气温呈下冷上暖分布，大气扩散作用几乎消失，可能造成严重的空气污染。因此，在山谷地带

3.3 城镇防风规划要点

的建设项目,特别是有污染的建设项目,除了考虑主导风向外,还必须考虑山谷风在日夜之间的风向、风速变化特点,以及山谷的走向、污染物排放的时间等。

(3) 海陆风是局地的闭合环流,即高空风与地面风的风向相反,循环流动。污染源排放的污染物可以随环流周而复始地循环累积,使该地区空气污染浓度升高。当风从海上吹向陆地时,因气温较低而向地面下降沉积,阻止空气中的污染物向上扩散,地面污染浓度可能迅速升高。相反,当风从陆地吹向海面时,对净化空气十分有利。在城市规划中应该将污染源与生活居住区,分别布置在两条与岸线垂直的平行线上,使生活居住区的污染机会最小。

3.3.3 龙卷风的危害及其防御

龙卷风对建筑物的破坏力源自其极高的风速和很低的气压。龙卷风的最大时速超过 500km,是世界上最强的旋风。由于风压力与风速的平方成正比,所以强烈的龙卷风($F_5 \sim F_6$ 级)对建筑物形成的风压力之大是我们难以想象的,其破坏力是毁灭性的。龙卷风经过之处的空气气压,在几秒至十几秒时间内可下降标准大气压的 8% 以上,在建筑物内外形成强烈的气压差,在建筑物表面产生约 9.5kPa(甚至更大)的负压,是一般住宅楼面设计活荷载(1.5kPa)的 6.3 倍。建筑物骤然受到如此巨大的负压力,会在顷刻间发生"爆炸"般的破坏,这是一般工程方法无法抗拒的。所以,建筑物或构筑物防御龙卷风的重点是在建筑物损毁的情况下,如何保障人员、重要物资和设施的安全。常见的方法是在建筑物之下或附近设置地下避难室(图 3-16),或将重要的物资和设施安置在地下。重大建设项目则必须通过合理的规划选址,避免受到龙卷风的影响。

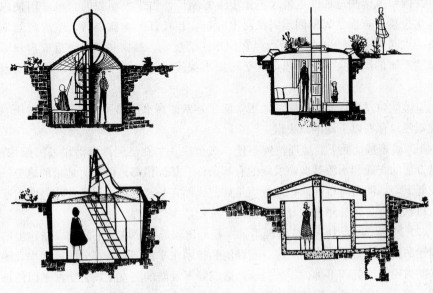

图 3-16 美国中西部的几种防风避难室

特定地点出现龙卷风的概率很小，以往的城市规划与建筑设计都不考虑龙卷风的影响。但是在一些区域内，龙卷风还是时有发生的，如上海市域近几十年来平均每年出现大约2次。鉴于龙卷风的危害往往是毁灭性的，重大建设项目的规划设计应该考虑其影响。例如美国在三哩岛核电站事故发生后，开始重视龙卷风对重要工程项目的影响。

由于龙卷风出现的概率小、过程短暂又破坏力极大，对龙卷风的研究十分困难，一般只能通过灾后的现场调查，间接地了解灾害破坏力及其规律，需要进行长期的观察研究，对龙卷风发生的时间、地点、路径、出现的频率以及最大风速进行统计分析，寻找其规律性，为重大建设项目的选址和设计提供参考。例如通过对上海市发生的近80次龙卷风史料的分析研究，发现龙卷风的一般发生在"城市热岛"外的若干区域，因此有可能划分出"龙卷区"和"非龙卷区"，作为城市规划和重大工程项目选址和防灾设计的依据。

3.3.4 沿海城市风暴潮的防御

风暴潮是由热带气旋、温带气旋或寒潮引起的海面异常上升或下降的现象，当风暴潮到达海岸浅水域时，水位一般会暴涨数米高。当风暴潮与天文大潮相遇，水位往往超过沿岸的警戒水位线，风灾伴随着潮灾，造成沿海地区巨大的社会经济损失。因此，风暴潮也是影响沿海城镇规划建设的自然灾害之一。当代全球性的海平面加速上升，必将导致风暴潮的水位的提高和灾害次数的增加，加剧风暴潮的危害性。对此，在沿海城镇和新开发区的规划与建设中，应予以足够的重视并采取相应的措施。

我国台风暴潮造成的危害远不止于沿海城镇。由于大面积的台风暴雨使内陆地区水位猛增，而台风暴潮涌向江河出海口，顶托江河水流逆行，造成内陆地区严重的洪涝灾害。1986年7号台风在广东东部登陆，暴雨和风暴潮造成梅州等内陆城镇严重的洪涝灾害，梅州市区平均积水深度超过2m，10万余人被水围困在屋顶上。

沿海城镇发生风暴潮灾害的原因，除了异常的高水位和强风外，应归咎于城镇的规划建设存在以下缺陷或失误：

（1）城镇基址低下或地理位置不佳　城镇往往是在江河湖海沿岸发展起来的，这里方便的交通和水源是城镇发展的有利条件。然而沿海地区这类地带的地势一般比较低下，江河出海口的冲积地带更是如此。而在长江口、杭州湾这类外宽内窄的喇叭口状地带，风暴潮进入时潮水涌积上涨，危害性加强。

（2）御灾工程能力不足或管理不善　基址比较低下的城镇主要依靠修建堤防等工程性的措施来防御风暴潮灾害。受经济和技术水平的限制，部分防御工程设施的御灾能力不够或管理不善、年久失修，造成猝不及防的突发性灾害。海平面的加速上升，也使原有防御工程的防灾能力相对下降。此外，建筑物或构筑物防御能力差也是造成灾害的原因之一。

（3）没有建立灾害预警系统，疏散途径和救灾设施不完备　清代康熙年间长江口一带发生风暴潮，"忽海啸，飓风复大作，潮挟风威，声势汹涌，冲入沿海一带数百里。……漂没海塘千丈、灶户一万八千户，淹死者共十万余人"（《三冈续识略》），是我国历史上死亡人数最多的一次潮灾。清代《崇明县志》对这次潮灾造成人员伤亡的原因作了很好的分析：潮灾"发于月初半夜，时久无海啸、人不设防。又黑夜无光，猝难求避，故随潮而没者至数万人，沿海民人庐舍为之一空。"

我国沿海风暴潮灾的数量和潮位都居世界前列。沿海地区城镇，特别是位于江河口岸新开发区域的规划与建设，应特别重视风暴潮灾害的影响，解决好防潮灾问题。通过研究防御风暴潮灾害的历史经验和教训，总结出城镇规划建设中必须予以重视的几个要点：

（1）选址须得当　选择有利的地理位置是防御风暴潮灾害的战略性措施，主要包括选择蔽风性好、可避免海潮冲击的地形，足够的地面标高和排水坡度。前面所述我国东南沿海地区的村落多选在山脚坡地上，前临池塘，后靠山岗，房屋沿坡地前低后高布置，不仅利于夏季通风和冬季防寒，而且使排水顺畅而无内涝之患，遇风暴潮时人畜可往高处转移。沿海岛屿上的城镇和村落选址面向大陆、背向外海，可以有效地避免或减轻风暴潮的危害。

（2）修筑海塘等必要的防潮灾工程　城镇的选址是由多方面因素决定的，而理想的地理位置毕竟不多，在这种情况下就需要采取工程性措施以避免或减轻灾害的破坏。兴建海塘可以在大范围内阻止潮水入侵，使沿海城镇免受风暴潮灾害，土地免遭海水淹没和卤化，还是防止海岸坍没和人工造地的重要途径。同时还要注意海塘等防潮灾工程设施对生态环境和景观环境的不利影响。

（3）加强建筑物和构筑物的御灾能力　建筑物和构筑物抵抗潮水浸泡和抵抗潮水和风力冲击能力的好坏是保证安全的关键，应合理地选择建筑物和构筑物的形式和材料。底层架空的干栏建筑和石砌高台基建筑是滨海地区常见的建筑形式，地面标高高于历年风暴潮灾的水位。建筑物和构筑物平面上较短的一边（山墙）朝向大海，可以减少潮水和强风的冲击力。石材的容重大、耐腐蚀性和耐水性好，是濒海地区很好的风暴潮灾的建筑材料。黏土砖的抗风化性能较差，在滨海的建筑物和构筑物中比较少用。海风和海潮的腐蚀性很强，使用钢材和混凝土须特别注意做好防腐措施。

（4）确定迁徙地点，疏通撤退路线　风暴潮灾害虽然来势迅猛，但持续的时间有限。因此，对于特别严重的风暴潮灾害，或御灾能力较差的城镇和村落，及时迁徙人畜和贵重物品，是防御风暴潮灾害的重要措施之一，历史上有不少成功的经验。在规划设计中应确定避灾地点，如山头、高地、城墙、高而坚固的建筑物和构筑物等。有条件的可以建楼房，不仅可避潮水淹没，还可以节约土地。沿海地区因地形复杂和人口稠密，城镇道路往往较狭窄、曲折，还常常发生挤占道路的现象。

为此，必须加强对疏散通道的管理，保证疏散通道的顺畅。

3.4 建筑防风设计要点

当代建筑的防风设计问题，集中表现在大量低标准房屋和高层建筑这两种类型的建筑上。大量低标准房屋的建设受到经济技术条件的限制，对风灾的防御应充分利用建筑形式和群体组合的优势，合理利用防风建筑材料和各种适宜的防风技术措施。高层建筑受风力的影响很大，还会出现近地面风速风向的复杂变化，即所谓风环境问题。因此，高层建筑的设计应特别注意型体及其组合，处理好风环境问题。高层建筑防风设计的要点，也适用于一般低层和多层建筑。

3.4.1 建筑形式和组合方式

建筑形式和建筑群的组合方式对提高建筑的防风性能、减少风灾的影响具有十分重要的意义。尽管当代建筑材料和结构技术的发展，使建筑的防风性能得到很大的提高，一般底层和多层建筑的防风设计，还是应该注意从建筑的形式和组合方式入手，尽可能减少对结构技术和建筑材料的依赖。受经济条件等客观因素的限制，大量低标准房屋的建设尚不能完全满足现行设计规范的要求，防风问题仍然比较突出，更应该通过选择合理的建筑形式和组合方式来减轻灾害的影响和损失。

中国各地自然条件与生活习俗不尽相同，在风灾影响较大的地区，当地人民因地制宜地创造出形式多样、适应风灾环境的建筑形式，民居就是其中最为丰富多彩的一类建筑(图 3-9)。华北、西北黄土高原窑洞民居的防风效果很好，吉林西部平原地区的"碱土平房"抵御着每年数月不止的风沙。草原地区游牧民族的毡包，适应流动性生活和草原大风气候，其圆形平面和弧形屋顶是很好的防风体型。内蒙等地牧民建造蒙古包，它的外形直接来自毡包。我国东南沿海地区受热带气旋的影响最大，浙东温州郊区民居采用主体建筑加左右坡屋的组合方式加强整体抗风能力。闽西南、粤东和赣南地区的土楼围屋，高大厚重的围墙具有很好的蔽风性。生活在海南的黎族人民为适应频繁的风灾和湿热的气候，创造了墙体与屋顶一体的"船形屋"。云南的"一颗印"、青藏高原等地的"碉楼"、新疆的"阿以旺"、广东的"竹筒屋"、"竹竿厝"和福建的"手巾寮"等，都是利用当地条件防御风灾的典型范例，这与当代我国从南到北千篇一律的方盒子住宅，形成了鲜明的对照。

屋顶的形式也是建筑防风的关键。传统建筑屋顶形式主要有庑殿式、歇山式、硬山式和悬山式等，其中庑殿式在历史上始终是最为尊贵的屋顶形式，成为皇权至高无上的象征。根据国内外对风灾现场的调查以及风洞模型试验，证明庑殿式(即四坡顶)的防风性能最好。与常见的双坡顶建筑相比，四坡顶屋面的风荷载分布比较均匀，最危险的屋脊部位的最大风压值可减小约 50%，屋架因主要构件受力状态改善使承载力增加约 40%。

屋顶坡度对建筑造型和屋面排水影响很大。表3-4是根据现行《建筑结构荷载规范》计算得出的各种坡度屋面的风荷载体形系数μ_s。从中可见当屋面坡度在15°～45°之间时，坡度大小对屋顶的防风性能影响不大，决定屋顶安全的不是水平推力和屋面正压，而是背风面负压(向上的吸力)的大小。负压对瓦片等小块材料铺砌的屋面危害最大，屋顶乃至整个房屋的破坏过程，一般是从负压揭瓦开始的。

各种屋面坡度的风荷载体形系数 μ_s　　　　表3-4

高跨比	倾斜角度	迎风面风压系数	背风面风压系数	说明
≤1∶7.5	≤15.0	−0.6		坡度很小，迎风面负压达最大值，对瓦屋面威胁很大
1∶6.3	17.5	−0.5		迎风面与背风面负压值相同，屋顶所受水平推力为0
1∶5.5	20.0	−0.4		各种坡度屋顶背风面所受负压，均为−0.5
1∶5.0	21.8	−0.3		即福建沿海民居屋顶平均坡度
1∶4.0	26.6	−0.1	−0.5	即所谓"瓦屋四分"，迎风面负压很小
1∶3.5	30.0	0.0		即浙江沿海民居的屋顶坡度，迎风面无风荷载
1∶3.0	33.7	+0.1		即所谓"茸屋三分"，迎风面风压很小且为正压
1∶1.0	45.0	+0.4		迎风面正压随坡度增加而加大
≥1∶1.2	≥60	+0.8		坡度≥60°，迎风面正压相当于垂直墙体迎风面正压

建筑群体的组合方式对防御风灾具有重要的作用。我国传统的多进院落式、水平方向扩展的建筑群组合方式，就是有利于防御风灾的一种建筑群组合方式。我国海南岛东部是热带气旋影响最严重的地区之一，这里的建筑群体布局多采用多进排列，形成狭长的总平面，或前后数宅共同形成狭长的总平面，天井的进深一般不超过其面阔。前院设围墙，出入口设在侧面，围墙高度接近屋檐。

确定建筑的朝向也是建筑防风的措施之一。一般山墙的面积比纵墙小、整体性较好，特别是硬山式建筑的山墙有抗风防火的作用而得名"风火山墙"。尤其是滨海建筑将山墙朝向当地风力最大的方向，可以显著减少风灾的危害。

传统建筑无建筑设计与结构设计之分，每有营造必以选取适应当地环境的建筑形式及其组合方式为先，从整体上增强建筑物的防风减灾能力，而现代建筑设计先由建筑师确定建筑的形式，再由结构工程师通过确定梁柱的大小及其所需钢筋的多少，以此解决建筑的防风问题，似有本末倒置之嫌。

3.4.2 建筑材料和技术措施
1. 就灾取材，材尽其用

在风灾严重地区进行建设，不仅要就地取材，还要"就灾取材"，选择适于防风灾的建筑材料。应向传统建筑学习，按照建筑上各个部位的不同要求，选择适合的材料并结合使用,达到物尽其美、材尽其用的目的。例如在基础、勒脚和墙角等部位采用砖石材料,上部可用夯土或土坯,并根据其重要性和当地的气候特点,加入不同的胶结材料。墙面可贴面砖、贝壳或抹灰,顶部采用砖瓦压顶并抹灰。综合利用了各种材料的特性,达到经济合理的目的,产生了丰富多彩的艺术效果。

石材的容重大且耐水耐风化性能好,是理想的建筑防风材料。我国古代建筑用石已有悠久的历史,殷墟卜辞中已有记载,历史上也不乏像隋代安济桥这样高超的石构建筑,但未能成为中国传统建筑的主流。然而在石材比较丰富、风灾比较严重的地区,石构建筑还是有所发展,甚至成为当地的主要建筑形式,例如西南等地区的石碉楼,闽南地区建筑的各种构件,甚至平屋顶都可采用石结构,其优质石材和能工巧匠闻名海内外。

砖也是一种有利于防风防水的建筑材料,砖砌体与石、木、混凝土等相结合,形成砖石、砖木和砖混结构,也是一种防风性能较好的结构形式和构造方法,但滨海地区咸湿强劲的海风具有很强的腐蚀性和风化力,砖的抗风化剥蚀性能较差,滨海的建筑物和构筑物比较少用。使用钢材和混凝土时,须特别注意做好防腐措施。

2. 屋顶材料与构造

混凝土平屋顶的防风主要是防止屋面构件脱落,加设檐墙是很好的做法。各种瓦面的屋顶必须特别注意其防风问题,因为大风中房屋的破坏往往是从屋顶开始的。为此应采用防风性能较好的硬山式屋顶,采用悬山式屋顶时应尽量少出檐。体量和面积较大的建筑应选择四坡顶。在各种方向风力的作用下,坡屋顶的屋脊和檐部的最大瞬时风压是屋面平均值的7倍,坡屋顶的破坏一般发生在屋脊或从屋檐开始。因此要特别注意保护屋檐和屋脊,尽可能增加屋檐、屋脊和瓦面的重量与整体性,少出檐或不出檐,在屋檐下加设封檐板或挑檐板,特别是加建混凝土平顶外廊,或在屋檐上加设檐墙,可以取得很好的防风效果(图3-17、图3-18)。

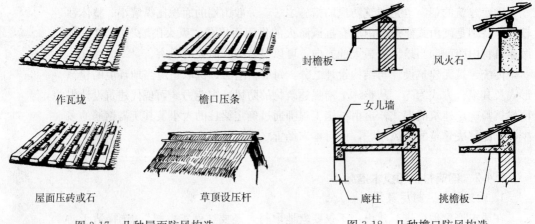

图3-17 几种屋面防风构造　　　　图3-18 几种檐口防风构造

3.4 建筑防风设计要点

门窗是房屋的薄弱点，一旦被风吹脱，气流冲入室内，使室内气压瞬间剧增，屋顶受室内托力和室外吸力的共同作用，瓦面全飞甚至被掀翻，瓦片和其他散落构件随风飞舞，造成人员伤亡以及其他次生灾害。所以应使门窗的安装牢固可靠，尽量少开门窗、开小门窗。在大门外建照壁或在窗外加设推拉式挡板，都是很有效的门窗防风措施。

3. 以变应变的技术措施

中国古代建筑工匠曾创造出不少以变应变的建筑与构造方法。宋代喻浩主持建造的开宝寺塔，根据开封地平无山又多西北风的特点有意将塔倾向西北，以期"吹之不百年当正"，现存实例还可见于湖南武岗斜塔等，是一种预加变形的设计方法。广东潮州的东门楼临江高耸而倍受风害，遇有特大风灾将临即拆卸门窗扇，让大风呼啸而过。

通过整体结构变形或位移来消耗风能也是一种以变应变的技术措施。例如高层建筑顶部的巨幅广告牌，可以划分成一些较小并可旋转的单元，类似建筑中的上旋窗，当风速超过一定范围时，旋转板即可翻转泄风，广告牌不至因大风而倾倒。当风速降低时依靠重力自行复位。海南文昌的文庙大成门在1973年的特大台风中发生了整体位移，各柱子都偏离了柱础达半个柱径之多，当地工匠采用同时敲打各柱柱脚的方法使建筑整体复位。当然，这类措施仅适用于不需严格控制变形或位移的建筑。

4. "保本弃末"的防风灾措施

特大风灾毕竟是一种小概率事件，鉴于建筑物各部分的重要性不同和投资的合理性，在建筑物的不同部分采用不同的设计可靠度和不同的建筑构造，不失为一种经济合理的设计方法。我国大量中低标准的建筑限于经济与技术条件，不可能都建造得十分坚固。为了保证在特大风灾时人、畜的安全，尽可能地减少财产损失，应将有限的人力物力重点用在建筑物的主要部分，以保其在特大风灾时不至于完全毁坏。例如海南有些民居在卧室的坡屋顶之下加建一层平顶，金门岛的民居也有类似做法，还将两层屋顶之间的空间用来储物（图3-19）。设置防风避难室，也是沿海人民防御特大风灾的经济而十分有效的办法。

尽可能降低房屋的高度，也是减少风灾危害的有效途经。降低房高意味着减少受风面积和缩短风力传递路径、减少材料用量。以单层双坡顶房屋为例，若屋顶高跨比为1：5，进深为6m，当檐高由4m降至3m时，房屋所受水平风力可减少近30%，墙体材料可节约30%。降低房高的同时也缩短了柱子的高度。根据材料力学的原

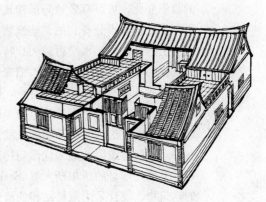

图3-19 双层顶式民居

理，构件的刚度（即抗变形能力）与其长度的四次方成反比，柱子高度的降低大大增加了柱子的刚度，改善了梁柱间的受力状态，从而增加了结构整体的刚度。

5. 临时性防风灾措施

强风的破坏力很大但出现的概率很小，这使得建筑设计中，尤其是在大量低标准房屋的设计中，安全性与经济性的矛盾比较突出。解决这一矛盾的好方法之一就是采取临时性的防灾措施。在灾害来临前，应及时对建筑的破损部位和室外的桅杆、招幌等构件进行检查维修。对建筑的薄弱部位进行加固，如加设斜撑、拉索和屋面重物等，并在原结构的相应部位预设连接构造。这类措施的要点在于增加建筑物的变形约束条件，其费用很低而效果十分显著，但往往妨碍正常使用。

3.4.3 高层建筑的防风体型

高层建筑受风荷载和地震荷载的影响很大，往往超过重力等垂直荷载的影响，成为控制性的荷载。按照所处地区的基本风压和地震烈度的不同，有些地区的风荷载是主要的控制性荷载，有些地区则是地震荷载成为控制性荷载，还有些地区两种荷载的影响不相上下。建筑防风与防震之间有许多共同之处，例如都要求建筑的结构整体性好、建筑体型的稳定性高、建筑平面及质量分布匀称等。但也存在相悖之处，防风要求建筑的刚度大、重量大，而防震则要求建筑有较好的柔性，尽可能减少重量。为了协调建筑物刚度和重量在防风防震中的矛盾，使建筑物即能防风又能防震，应本着求同存异的原则，根据各地风荷载和地震荷载的影响程度，合理确定建筑物的刚度；加强建筑结构的整体性；提高建筑体型的稳定性；尽可能使建筑平面及质量匀称分布等。在建筑设计中，应特别注重建筑物体型设计在防风中的作用。具体而言，主要就是确定建筑物沿高度方向的收缩变化，选择合理的建筑物平面形状。

1. 建筑体形沿高度的变化

建筑物的体型沿高度方向的收缩变化也叫"收分"。建筑物的体型沿高度方向的收缩变化，可以有效地降低建筑物的重心位置，从而增加建筑物的稳定性，对防风和抗震都是十分有利的。建筑物在水平方向的风力和地震力作用下，犹如固定在地面上的悬臂梁，水平力越大、特别是力的作用点越高，对建筑物的危害就越大。建筑物的体型沿高度方向的收缩变化，可以减少较高部位的风荷载和地震荷载。由于风荷载具有沿高度递增的特点，因此风荷载的减少更加明显。总之，高层建筑体型沿高度的收缩，对改善建筑防风防震的作用是十分显著的，成为高层建筑体型设计中常用的方法。采用不同的收缩方法，还可以得到各具特色的建筑造型，世界上有许多高层建筑因此成为佳作巧构。

美国芝加哥的西尔斯大厦（Sears Tower，1974）高达443m，是当时世界上最高的建筑物。设计采用束筒结构的概念，建筑平面由9个22.9m见方的正方形组成，沿高度分段收缩，很好地解决了高层建筑的防风问题。

芝加哥约翰·汉考克大厦（John Hancock Center，1970）高337m，采用四棱台体型，平面面积由基底处的约 3716m²，逐渐收缩到顶部的 1672m²。还在建筑的外表面设置了斜向交叉的钢结构，使建筑物具有很好的防风和抗震性能，建筑用钢量也大为减少(图 3-20)。

香港中国银行大厦(Bank of China Tower, Hongkong, 1990)总建筑面积 12.9 万 m²，建筑高度 315.4m。平面为边长 52m 的正方形，按对角线分成 4 个三角形，沿高度先后截断成斜面，形成十分奇特的建筑造型(图 3-21)。但是就建筑的平面形状而言，三角形不是防风的理想平面形状。

图 3-20 芝加哥约翰汉考克大厦

图 3-21 香港中国银行大厦

2. 建筑平面形状的选择

风载体型系数 μ_s 是衡量各种建筑平面形状防风性能优劣的指标。风荷载体型系数 μ_s 较小的平面形状，其防风性能一般较好。在各种建筑平面形状中，圆形的 μ_s 最小，仅为 0.7；正八边形的 μ_s 为 1.12；方形的 μ_s 为 1.4。"Y"字形等比较伸展的平面、特别是转角尖锐突出或弧形内凹的平面，μ_s 数值都较大。从理论上讲，圆形是最理想的防风平面形状，但圆形平面在设计和施工上存在缺陷，一般只适用于一些特殊的建筑。正多边形的边数越多，就越接近圆形，防风性能也就越好。但是边数多了，也会给设计和施工造成困难，所以并不是边数越多越好。如何加以选择，我们可以从中国古塔平面形状演变的过程中，得到一些有益的启发。

塔随佛教传入中国后，先由印度"窣堵波"(Stupa)的单层圆形平面，演变成

第3章 建筑防风

中国式的多层方形平面，再由方形平面演变成八角形平面，其原因是多方面的，在客观上改善了塔的防风性能(图 3-22)。

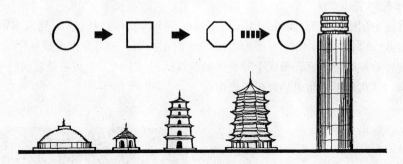

图 3-22　塔平面形状的演变过程示意图

按现行风荷载取值方法，对正四、六、八、十、十二边形和圆形平面，在相同平面面积、相同迎风面宽度和相同周长的情况下，分别进行风荷载的定量比较分析，结果也证明：与正四边形平面相比，正八边形平面的风荷载较小。当边数超过 8 后，增加边数对减小风力的效果较小。正八边形平面的防风性能虽不及圆形平面，但综合考虑面积、迎风面宽度、周长等因素，仍是一个较好的选择。

高层建筑的平面设计需要考虑多种因素，不可能都采用圆形或正八边形，只要明了其中的道理，适当加以变形和调整，便能作出种种变化，产生许多新颖的、防风性能较好的设计方案(图 3-23)。有关风洞模型试验的结果表明，将方形平面的四个角各截去一小部分，就能收到改善风压分布和减少风压效果。广东国际贸易大厦高 195m，是当时国内最高的建筑，就是采用截去四个角的方形平面。深圳国贸大厦高 160m，是深圳市第一座超高层建筑，也是采用截去四个角的方形平面。

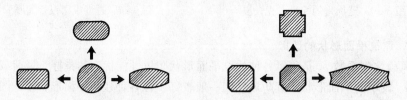

图 3-23　圆形和八角形平面的衍化

3.4.4　建筑的风环境问题

风环境是风的方向和速率在空间上的分布情况。受到地形、建筑物和树木等障碍物的影响，风在流动过程中风向和风速都会发生显著而又复杂的变化。当风吹过建筑物时，建筑物周围的风环境会发生明显的变化，高层建筑还会将上空的高速风引至地面。建筑风环境的变化可能在建筑周围一些特定的部位，甚至相邻的街道和

3.4 建筑防风设计要点

广场等地方出现变幻莫测的强风，对行人、行车安全和建筑物或构筑物的安全构成威胁，对城市与建筑的排污、通风、绿化等发生显著却难以预料的影响。既使不是大风天气，也可能造成比较严重伤害和损失。高层建筑比较密集地段的风环境问题尤为突出，有些高层建筑林立的大城市因此被称为"风之城"、"风之街"。随着城市建筑群和高层建筑的大量出现，建筑的风环境问题也日益突出。因此，在城市规划和建筑设计中必须充分认识建筑的风环境问题及其不利影响，并采取相应的措施。

1. 建筑风环境问题的不利影响

（1）造成行人活动障碍，影响行人和行车安全　1982年在美国纽约一幢超高层建筑前的广场上，有行人被突如其来的强风吹倒受伤。伤者对设计者、施工者、业主等提出控告。虽然法院最终判定原告败诉，但却引起人们对城市和建筑群风环境问题的注意，有人将其列为"城市环境公害之一"。风对行人的影响有不同的评价标准，表3-5是HUNT氏提出的标准。在风速或风向突变的地段，即使风速并不很高，行人往往也会因猝不及防而闪失或跌到，而当风速较高时，甚至会对车辆（特别是摩托车和自行车）的行驶安全构成威胁。

HUNT氏提出的评价标准　　　　　　表3-5

风速(m/s)	人的行为表现
0～6	行动无障碍
6～9	大多数人行动不受影响
9～15	还可以按本人的意愿行动
15～20	步行的安全界限

（2）对建筑及其附属物的安全构成威胁　由于新建筑拔地而起，原来的风环境会发生很大的变化，致使原有建筑物上风荷载的大小、方向及其分布发生明显的变化，原有建筑的一些部位就可能处于危险状态，这是原设计所始料不及的。不利风环境对建筑的附属物也会造成很大的破坏，如刮倒广告牌、掀翻雨篷、屋顶等，造成绿化树木倒伏折枝。高层建筑上被强风吹脱的构件或零碎物体，会被强风挟卷并撞击在建筑物上，造成玻璃幕墙和玻璃窗的破损，危及行人和其他建筑。1987年著名的西尔斯大厦在强风中有90块窗玻璃破损，第二年又有100块窗玻璃破损。据称西尔斯大厦的窗户设计可抵抗时速240km的强风，而当时风的最大时速只有120km，主要原因是大厦两侧建筑工地上的物体被强风卷入空中所造成。该大厦有1.6万块玻璃，每年都有破损的记录。

（3）造成局部空气污染、噪声和温湿度变化过大　在复杂的风环境中，建筑物的某些部位可能形成不稳定的正压区或负压区，使气压分布发生出乎意料的变化，室内有害气体不能顺利排出甚至倒灌。强风与建筑物表面发生摩擦，在某些部位产

第3章 建筑防风

生特殊振动，造成尖锐刺耳或低沉强劲的呼啸声，成为影响正常生活和工作的噪声。在建筑周围，特别是近地面的一些部位因风速过大，导致温度和湿度过低，或因风速过低而闷热异常，影响正常使用和植物的生长。

2. 建筑风环境的特点

目前对建筑风环境的研究，采用的主要方法有现场观测记录、计算机数值模拟和风洞模型测试。利用测量仪器进行现场观测的方法，可以取得比较客观可靠的第一手资料，但须有足够数量的观测点、足够大的观测范围和长期的观测资料积累，这样的工作不是某个建设项目所能胜任的。利用计算机进行数值模拟分析计算，是一种比较快捷经济的方法，但模拟分析必须建立在足够的现场观测资料的基础上，才可能得到比较准确和具有使用价值的结果。将拟兴建的建筑物及其周边一定范围内的其他建筑物等，按比例制作成模型，在风洞中测量其风压的数值和分布、测量建筑物受到的总倾覆力和水平扭转力，还可以直观地测量模型周围风速和风向的分布情况，提供具有一定实用价值的设计数据和建筑物周围风环境的大致状况，是目前比较常用的方法。

研究结果显示，建筑物周围的气流和风压状况如图3-24所示，当风吹向建筑物时，在迎风面产生正压，在背风面产生负压，在建筑物的两侧产生较高的负压。在高度方向上，迎风面上的气流被分为向上和向下的两股，向下的分流在近地面产生负压，向上和从两侧绕过建筑物的气流，在背风面产生大范围的负压。对于宽度较大的横长型高层建筑，气流主要是从建筑的顶部翻越而过，风速最大区在建筑上方。对于体型比较细高的建筑，气流主要是从建筑的两侧绕过，风速最大区在建筑的两侧（图3-25）。

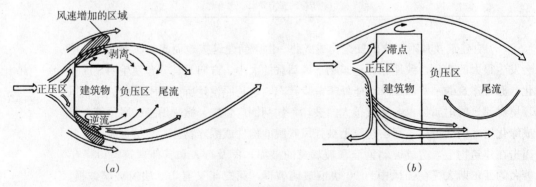

图3-24 建筑物周围气流状况
(a)近地面的气流状况；(b)竖向的气流状况

当建筑的迎风面前有低层建筑时，在低层建筑上部将产生很大的逆流，形成较强的负压。建筑迎风面的下部有通透的架空层或洞口时，气流会从中急速穿过并产生很大的负压。

3.4 建筑防风设计要点

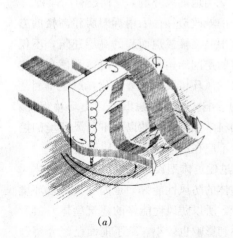
(a)

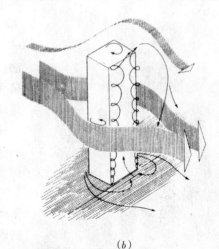
(b)

图 3-25 横长与细高建筑周围的气流状况
(a)横长形高层建筑周围的气流状况；(b)细高形高层建筑周围的气流状况

上述建筑物周围的气流和风压，只是简单体型正面迎风情况下的大致状况。在建筑物平面形状或体型不同、周围的环境不同或风向不同的情况下，都会产生气流走向和风压分布的较大差异，其变化的情况是相当复杂的。现行《建筑结构荷载规范》对此作了简化处理，规定"当多个建筑物，特别是群集的高层建筑，相互间距较近时，宜考虑风力相互干扰的群体效应；一般可将单独建筑物的体形系数 μ_s 乘以相互干扰增大系数，该系数可参考类似条件的试验资料确定；必要时宜通过风洞试验得出"。

我国的建筑风环境研究还处于初级阶段，多采用风洞模型试验等方法，对重要的建筑物和构筑物的风荷载、风振和风环境问题进行个案研究，并为结构设计提供数据。国外所做的研究比较多，一些城市还根据研究成果制定了法规，如美国波士顿市政当局规定新建建筑不能引起风速超过 14m/s 的建筑风；当建设用地已经有 14m/s 的建筑风，若新建建筑将加剧这种状况则要被禁止。旧金山市规定新建建筑不允许在步行者腰部以下引起超过 5m/s 的风速，任何建筑引起 12m/s 的风速达 1h 以上也是不允许的。

3. 改善建筑风环境的一些措施

(1) 通过合理的选址避免或减少风环境的恶化　日本建筑师丹下健三在设计新宿东京都厅舍时，为了减少对风环境的不利影响，根据新宿地区以南北风为主的特点，将建筑物布置在现有几栋超高层建筑的南面，并尽量减少建筑的迎风面宽度，还专门邀请风工程研究单位进行分析和评价，利用风洞对 1.4km² 范围内的 137 个关键点进行测试，发现在新都厅舍建成后只有一个点的风速有所增加，而原有 46 处强风区域减少为 44 处，最大强风区由 21 处减少为 16 处，证实新都厅舍的建设

第3章 建筑防风

不仅没有恶化当地的风环境，反而还有所改善。

我国的旧城改造往往采用拆旧房建高楼的方法，旧城区中一幢幢拔地而起的高层建筑，不仅破坏了旧城的空间结构和景观环境，还使高层建筑周边地段的风环境发生显著变化，产生不利甚至灾害性的影响。综合考虑旧城历史环境保护、旧城整治的科学性与可行性以及不利风环境的控制等因素，不应在旧城区新建高层建筑。

(2) 通过建筑体型设计减少风环境的恶化 某种建筑型体的防风性能好，是因为其对风环境的改变较少，所以防风性能好的建筑型体一般对风环境的不利影响也较小。除了前面已经介绍过的实例外，东京日本电气本社 (图 3-26) 是另一个很好的例子。该建筑的设计方案初为方盒子及类似体形，为避免产生不利的风环境，邀请风工程研究单位进行风洞模型试验，在建筑周围 320m 半径范围 (即建筑高度的 1.8 倍) 内，对 8 种基本形状分别进行测试，对比结果表明圆柱形体型最理想，方柱形效果最差。若在建筑物上开洞则风

图 3-26　东京日本电气本社

速增加的区域减少，而且孔洞越集中效果越好。据此，调整了设计方案，建筑体型沿高度逐步退缩，并在第 13～15 层开了一个 15m 高、42m 宽的大洞。

对建筑表面加以局部处理，也可以减少建筑上的负压和对风环境的不利影响。如将方形平面的四个转角各截去一小部分，可以有效地减少气流在转角处产生的剥离现象，从而改善风压分布并减少风压。建筑物的墙面利用阳台或线脚的凹凸变化，也可以减弱气流的剥离。1991 年建成的日本新横滨王子饭店是个直径 38.2m 的圆筒形建筑，外墙采用铸铝墙板，墙板上每平方米内设置了 24 个长 16cm，宽 5.5cm，高 2.75cm 的条状凸出。试验结果表明在出现最大风压的部位，风压值可减少约 30%。

(3) 在近地面设置蔽风物　在高层建筑底部及附近，因迎风面下冲的气流及侧面和背风面不稳定负压，是风环境问题比较突出的部位，而这里又恰恰是人们活动频繁的地方。可以在风环境问题比较突出的部位设置裙房、门廊、雨篷、封闭的廊道、围墙或隔断等，还可以利用树木、攀藤等形成风障。美国达拉斯第一相互广场大厦在设计时进行的风洞试验发现，大厦底部每年有 10 天以上会产生风速 16～18m/s 的强风，大厦附近的强风可达 22m/s。为此，在大厦底部附近种植大量树木和设置盆栽，在必要的部位设置 3m 高的预制混凝土板墙，并设了一个下沉式广场，使强风天数减少了一半。

3.4 建筑防风设计要点

(4) 避免不利风环境对建筑通风的影响 建筑通风不仅是夏季防热的需要，也是人类健康和安全所必须的。在"非典型性肺炎"等以空气为媒体的传染性疾病出现后，人们对建筑通风的重要性认识大大提高。目前一般建筑的通风设计主要根据空气对流的直观分析，即所谓有没有"穿堂风"，大都没有做量化的分析，更没有考虑建筑及建筑群的风环境影响。实际上，建筑物的迎风面与背风面之间的风压差过小时，即使室内通风条件很好，也不能形成有效的空气对流。建筑物周围的某些部位受复杂风环境的影响，室内污染物不能排出并不断聚集而导致空气质量下降。因此，在建筑群的规划设计中也应考虑风环境问题，利用各种方法对规划设计方案的风环境进行预测，并按照预测的结果调整规划设计方案。在建筑物的设计中，还应根据所处的具体位置和当地的风气候特点，进行室内通风的量化分析，作为改进设计的依据和评价设计方案优劣一个标准。

(5) 利用绿化改善城市和建筑的风环境 城市林带绿地不仅具有净化空气、降温增湿等改善城市生态的作用，而且能十分有效地降低强风的速度。林带降低风速效应可以用透风系数表示，透风系数是风向垂直于林带时，林带背风面的平均风速，与空旷地带的平均风速之比。经验表明，透风系数为 0.5 左右的林带，既能较大地降低风速，又有较远的防风距离，防风效果最佳。林带的防风效应除了与林带结构、树种及其枝叶茂密程度等因素有关以外，还与林带行数及其宽度有关。据国内研究，宽度为 4m 的 2 行林带透风系数为 0.60，宽度为 4.5m 的 3 行林带透风系数为 0.52。国外风洞试验结果显示，矩形或椭圆形平面林带的防风效果最好。

第4章 城市和建筑防洪

Chapter 4
City and Building Flood Prevention

第 4 章　城市和建筑防洪

4.1　洪水、洪灾的基本概念

4.1.1　洪水及其特征

所谓洪水，是指河流因大雨或融雪而引起的暴涨的水流，也可以说是河流在较短时间内发生的水位明显升高的大流量水流。

洪水的特征及其描述：

洪水具有起涨的特征；洪峰流量和洪峰水位是洪水的两个以量值表示的特征值；洪水过程线和洪水总量表示洪水的整个过程及其总量情况。洪水具有很大的自然破坏力。因此，我们必须研究洪水特性，掌握其发生与发展规律，积极采取防治措施，把洪水造成的损失降到最低限度。

4.1.2　洪灾及其类型

1. 洪水

洪水并不一定产生灾害。古埃及尼罗河定期的泛滥，给埃及人带来尼罗河三角洲的沃土和丰饶的收成，古埃及人观测天象，推算尼罗河泛滥的准确时间，在此前迁居高地和堤上，迎接尼罗河洪水的到来。尼罗河洪水是地球母亲对古埃及人的赠礼。而中国的黄河情况则大不一样，古黄河除了滋润两岸土地，有给水、航行等利益之外，还常常泛滥、决溢，给流域百姓带来严重的灾害。

西方一些发达国家的河流在汛期洪水泛滥，会淹没两岸一些土地，这些国家为了避免洪水成灾，立法不许在洪水淹没线之下建房和种植，这样，这些河流的洪水并不一定造成洪灾。

由以上例子可知，自然界的洪水只有在危害人类和社会时，我们才称之为洪灾。即洪水灾害具有自然和社会双重属性，它们都是灾害的本质属性，缺一不称其为灾害。

2. 洪灾类型

洪水灾害是一种自然灾害，按洪灾成因可分 5 类：暴雨洪灾、冰凌融雪洪灾、风暴潮灾害、海啸灾害和溃坝洪灾。

（1）暴雨洪灾　暴雨洪灾系由暴雨造成的洪水灾害。例如 1975 年 8 月淮河特大暴雨，造成水库失事、堤防漫决、铁路中断、水系串流，成为淮河历史上罕见的洪灾；1931 年、1954 年、1998 年长江流域持续暴雨，干支流洪水遭遇，致使中下游平原地区发生严重洪涝灾害,造成极严重的人员和财产损失。

(2) 冰凌融雪洪灾　冰凌融雪洪灾系由积雪融化形成的雪洪与冰凌造成的洪水灾害。在世界中高纬度地区和高山地区的河川中,都有积雪融化形成的雪洪与冰凌对水流构成阻力而引起的洪水上涨灾害。

(3) 风暴潮灾害　风暴潮灾害系由风暴潮登陆引起的灾害。在世界海洋沿岸的国家多风暴潮灾害。如我国,海岸线长达18000多公里,风暴潮灾害极为严重,台风在沿海登陆平均每年9次之多。在渤海湾与黄海沿岸北部,春秋过渡季节有寒潮大风,均可引起风暴潮。

(4) 海啸灾害　海啸灾害系由海底地震或近海域火山爆发等使海洋水体扰动引起重力波造成的灾害。重力波速可达500~700km/h,在近海或海湾波峰壅高可达20~30m,具有极大的破坏力。

(5) 溃坝洪灾　溃坝洪灾系蓄水坝体溃决发生水体突然泄放而造成的洪灾。这种洪灾往往难以预测。溃坝洪水以立波形式推进,造成毁灭性灾害。

4.2　城市水灾的类型和成因

城市水灾的原因错综复杂,它既受到气候气象、地理地势、河流水情等许多自然因素影响,也受到人类活动即人为因素的影响,因此,研究城市水灾要纳入天、地、生、人灾害大系统之中。从这个大系统出发,城市水灾可以分为自然因素引起的城市水灾以及自然与人为因素交叉作用引起的城市水灾共两大类型。

4.2.1　自然因素引起的城市水灾

自然因素引起的城市水灾又可以分为城市受过境洪水袭击成灾、城区因暴雨或久雨致涝及洪涝并发三种类型。

(1) 城市受过境洪水的袭击而成灾。城市受外部即过境洪水袭击成灾又可分为江、河洪水致灾,海潮、风暴潮成灾以及山洪成灾三种类型。

(2) 城市因暴雨或久雨致涝。

(3) 洪涝并发的城市水灾。

4.2.2　自然与人为因素交叉引起的城市水灾

在自然与人为因素交叉引起的水灾中,我们要特别注意人为因素如何埋下了城市水灾的隐患,或如何加重了灾情。

1. 城市或新城区选址不当

如果城市或新城区选址于易受洪水威胁之地,就埋下了洪灾的隐患。四川金堂县城,原设在城厢镇,1952年迁往三条河流汇合处地势低洼的赵镇,几乎年年都受洪水威胁。

2. 城市防洪堤防标准偏低

我国城市防洪堤防标准普遍偏低，许多大城市和特大城市如武汉、合肥等防洪标准均不到百年一遇，低于国外城市防洪标准（瑞士：100～500年一遇；美国密西西比河：100～500年一遇；波兰大城市：1000年一遇）甚多，这对防御洪灾显然是极不利的。

3. 仍然有效的古城防洪设施被毁

四川富顺古城，清代为防洪修建有城堤、耳城、关刀堤等，1958年后，城堤和耳城被毁，从而在1981年水灾中增加了损失。

安康古城在清代修了一条万柳堤，作为百姓避水逃生之路。1958年该堤被毁，使1983年特大洪灾中，加重了生命财产的损失。

4. 原城址的防洪屏障被毁

四川富顺县城和合川县的太和镇上游分别有一道天然岩石伸入江中，成为城址的天然防洪屏障，减少了洪水对城址的冲刷，后来这两道岩石分别因采石和修公路被毁，使两城在1981年水灾中损失更加严重。

5. 城市防洪堤管理不善

四川射洪县城，1951年建了防洪堤，由于管理不善，堤身破坏严重，1981年洪水溃堤80多米，致全城被淹。

6. 填占行洪河道，影响行洪

四川旺苍、永川、荣昌等县城，因建筑物挤占河床或工厂矿渣淤塞河道，影响行洪，而在1981年水灾中加重灾情。

金寨县城梅山镇，一些工厂、仓库、建筑将按规划应宽250m的河宽侵占至只有160m宽，行洪不畅，一遇暴雨，即可能受淹。

7. 都市化洪水效应的影响

都市化使天然流域迅速变化，原植被和土壤被用于城市建设，使天然流域透水面积变为人工建筑不透水面积，使大部分的降雨形成地面径流。都市流域的地面水流和下水道管网汇流的速度较快，且因市区新建成或经整治的河道糙率低，使整个汇流过程大大加快。因此，都市化后，由于流域下垫面条件的改变，使暴雨洪水的洪量增加，流量增大，峰现时间提前，洪水涨落过程加快，这就是都市化洪水效应的主要特征。它使原排水排洪系统能力偏小，从而加重了市区洪涝灾害。

8. 城市水系的破坏和水体的消失

我国古城一般都有各自的城市水系，它有供水、交通运输、防火、调蓄、排水等十大功用，被誉为"古城的血脉。"因对其功用缺乏认识，近现代世界各国的城市都曾有填河池修房筑路之事，泰国曼谷因填河而产生渍水之患。成都城逐年填塞了1000多口水塘和一些沟渠，包括有一千多年历史的城区排洪干渠金水河，从而在1981年洪灾中加重了灾情。城市水系的破坏和水体的消失，是城市内涝的重要人为因素。

9. 超量开采地下水，造成地面沉降

超量开采地下水引起地面沉降主要发生在平原区。上海、苏州、无锡、常州、天津等都有此问题。其中，常州市地面下降0.7m，塘沽附近1959~1985年间平均每年达94mm，阜阳市更为严重，1987年为277mm，现平均每年达453mm。无疑，地面下沉将增加洪涝灾害对城市的威胁。

10. 缺少万一洪水灌城的减灾对策

城市建堤设防，即使标准较高，仍有可能出现超标准洪水漫顶或破堤灌城。安康城洪灾就是一个惨痛的教训。应考虑到这一种可能性并采取相应的减灾对策。

11. 生命线基础设施的防洪保障能力偏低

生命线基础设施如给水、排水、医疗、供电、通信等系统缺乏足够的保障能力。1991年四川洪灾暴露了这一问题，由于重庆至合川的高压线被淹，使合川县城断电而加重了灾情。1988年广西洪灾中，柳州与暴雨中心的融安、融水一带的电信全部中断，而影响了防洪抢险工作。

12. 未规划建设安全避水的桥路系统

1981年四川洪灾中，通往重庆北碚区的三座大桥和三个隧道被淹，使北碚成为洪水中的孤岛。1991年华东水灾中，苏州、无锡、常州、南京等城市都曾因水淹造成一度或数天交通中断，常州市2.7万户居民被水围困，都充分说明了建设安全避水的桥路系统的必要性。

13. 建筑未采用适洪工程技术措施

我国历次洪灾中，都有许多房屋因受淹而毁坏倒塌，成为灾害损失中的一个重要组成部分。

1991年夏季特大洪涝灾害中，损坏房屋605万间，倒塌房屋291万间。其中，有相当一部分数目属城市房屋，如果采用一定的工程技术措施，使建筑在洪水中淹而不倒，则可以大大减少洪灾损失。

4.3 人类防洪史

人类的生活、生产都离不开水，水给人类带来许许多多的好处利益，但人类社会也饱受洪水灾害，用水之利而避水之害，伴随着人类社会的发展史，因而展开了人类的防洪史。

4.3.1 筑江河堤防

筑堤防洪是人类最古老的防洪办法。

中国古代进入农业社会后，为避免洪水淹没农田，开始筑堤埂围护，以堤御

第4章 城市和建筑防洪

洪。筑堤这种手段只是限制洪水淹没的地区，难以防止洪水泛滥。

相传大禹治水主要是因水性就下导往低处，一河不足，分为多支，是以疏导方式来防洪。这和筑局部堤防、防御漫溢并不矛盾。相传他还"陂障九泽"，也是筑堤防洪。

4.3.2 兴修水库

兴修水库调节天然径流，是另一种普遍采用的防洪方法。比如，公元前2650年，埃及人民在杰赖维干河上修建了异教徒坝，从而建成了一座完全用于防洪的水库。

水库工程在中国出现很早。例如，早在2500年前，我国劳动人民就在安徽寿县修建了大型平原水库芍陂。两千年前在河南正阳一带修建了更大规模的水库鸿隙陂，该水库拦蓄淮河等河流的堤坝长达200多公里。

4.3.3 河道整治

河道整治也是世界各国重要的防洪措施之一。中国古代以此作为黄河防洪的方法。先秦黄河改道，见于记载的有一次。河行新道往往可以安定若干年。人工改道也可以作为防洪手段，汉武帝时齐人延年建议大改道，自今内蒙古东流。

4.3.4 防洪法规

防洪法规即为防止或减轻洪水灾害损失，由国家制定或认可的有关法律、法令、条例等文件。世界许多国家都根据本国河流、海岸、湖滨的实际洪灾特点，制定并逐渐完善了各自国家的防洪法规。

20世纪以来，世界各地不断发生溃坝事故，造成毁灭性灾害。美国、法国、英国、日本、中国等国家，都制定了大坝安全条例，以期避免大坝失事及万一溃坝能减轻灾害损失。

许多国际河流的防洪问题，也由各有关国家逐步制定了一系列国际防洪协作条例。

4.3.5 防洪非工程措施

防洪非工程措施是指通过法令、政策、经济和防洪工程以外的技术等手段，以减少洪泛区洪水灾害损失的工作。防洪非工程措施一般包括洪水预报、洪水警报、洪泛区管理、河道清障、洪水保险、超标准洪水防御措施、洪灾救济等。

洪水灾害是一种严重的自然灾害，它具有自身的规律，只有正确地认识它，用科学的方法对付它，人们才可能在有限的财力、物力和人力范围内取得最大的防洪效益。

4.4 对20世纪中国洪灾的回顾和反思

4.4.1 20世纪中国洪灾的回顾

20世纪是人类发展史上最不平凡的一个世纪,在这100年中,人类科学技术上取得了辉煌的成就,然而,也受到自然界的残酷报复。下面通过对中国洪灾的回顾,总结经验教训,以做好21世纪的防洪减灾工作。见表4-1。

20世纪中国洪灾回顾　　　　　　　　　　表4-1

	时间(年)	地点	灾害情况
20世纪上半叶	1915	珠江	特大洪灾
	1931	长江	特大洪灾
	1932	哈尔滨	大洪灾
	1947	珠江流域	大水灾
20世纪50～70年代	1950	淮河	受灾面积达366.7hm^2,灾民1300万,倒塌房屋89万间,信阳市被淹,平地水深1～2m
	1954	长江	受灾人口2000万人,死亡3000多人,倒塌房屋200万间
	1963	海河	总计受灾人口2200万人,死亡5600人,伤46700人,直接经济损失60亿元
	1975	河南	仅驻马店、许昌两地区就造成直接经济损失50亿元,间接经济损失达300亿元以上
20世纪80年代	1981	四川	受灾人口1574万人,经济损失约20亿元
	1983	安康	死亡870人,近2万人被困,损失共达7.2亿元
	1985	辽河	倒塌房屋80万间,死亡240人,68万人被迫转移,经济损失47亿元
	1988	西江、洞庭湖、嫩江	全国水灾经济损达135亿元
20世纪90年代	1991	江淮	全国因洪涝灾害倒塌房屋497.9万间,死亡5113人
	1994	广西、广东、湖南省	全国受灾人口2.15亿人,死亡5340人,房屋倒塌349.37万间,直接经济损失1796.6亿元
	1996	贵州、广西及西江中下游	全国洪涝灾害损失达2200亿元
	1998	长江、松花江、嫩江	全国洪涝灾害损失近2700亿元,投入抗洪抢险的物资总价值达2亿多元,为历次抗灾之最

4.4.2 对20世纪中国洪灾的反思

为什么20世纪下半叶中国洪灾呈愈演愈烈之势呢？除了自然的因素外，与人口的剧增，人类对自然无止境的索取、掠夺，使环境恶化，灾害丛生有关，也与城市、村镇的选址规划、建设、国土的规划、管理等许多方面的失误有关。

1. 人口的剧增，加重了资源和环境的压力

2. 理智上的失误

(1) 与山林争地，毁林开荒，造成水土流失

(2) 与水争地，围湖造田，加速了江河调蓄系统的萎缩

3. 决策上的失误

(1) 新城市或新城区选址不当。

城市选址是一个综合性的问题，也是一个关系城市安危发展的大问题。决策者必须有防灾意识，否则将受到灾害的困扰。

(2) 城市设防与否举棋不定。

珠江流域的西江、北江沿线一些城市，至今未设堤防。有些城市洪灾后，才决定修建堤防。

(3) 未考虑洪水灌城的减灾对策。

中国古代有不少洪水灌城的巨灾，安康尤为典型，史载洪水圮城15次。为使居民在洪水灌城时能逃生，安康于清康熙二十八年(1689年)专门筑一堤路，叫万柳堤，救了许多百姓生命。此堤于1958年被认为无用而拆毁。20世纪70年代至80年代初，安康城堤按100年一遇加固。当时一位工程技术人员指出：万一洪水超百年一遇漫顶灌城，怎么办？当时未引起注意。1983年200年一遇特大洪水先漫顶，后毁城，10多米高的洪水冲下，全城遭灭顶之灾。因既无万柳堤可供逃难，又无预防突发事变方案，死亡800多人，损失达5亿多元。

安康的惨痛教训，值得记取。我们高筑堤防，万一洪水漫顶后毁堤灌城，如无减灾对策，损失将比不筑堤更大。

4. 管理上的失误

(1) 大坝溃决灌城

大坝溃决并不罕见。1900~1965年，世界上有163个著名大坝破坏，造成重大损失。大坝溃决有自然因素，也有人为因素，人为因素以管理失误为多。

(2) 行洪河道被人为侵占和缩狭。

(3) 土地开发忽视防洪排涝工程系统建设。

近年各地城市开发建设，破坏了原植被和天然排水系统，又不规划设计新的排洪排涝系统，造成水土严重流失，河床淤塞不畅，洪涝成灾。

5. 规划上的失误

对现代城市水灾研究的不足，对现代城市水灾成灾规律的无知，往往造成城市规划上的许多失误，而引起或加重城市洪涝之灾。比如对都市化洪水效应认识不

足,由于地价高昂,绿地被蚕食,城市成为钢筋混凝土森林,因而强化了这种效应;对城市内原有的排水系统和池湖洼地调蓄系统不加保护,反而填占建房;市区向原来排水就很困难的低洼地发展;城市向地下开发,又缺乏排涝措施;对现代城市在水灾面前的脆弱性认识不足,对生命线工程系统未有专门规划保护措施等,都造成现代化城市易受洪涝之灾,而且一旦受灾,易造成重大损失。

6. 现代化使城市在水患面前变得更脆弱

城市现代化是人们追求的目标。然而,现代化的城市、尤其是大城市,在水患面前却变得日益脆弱。这是因为:①掌握国民经济命脉的中枢管理机能向大城市高度集中。②城市对水、电、煤气、通信、交通等生命线工程系统的依赖程度日益增大。③城市向地下开发,以缓解交通、商业、居住空间不足的矛盾,高层建筑的动力系统往往置于地下室,地下空间是防水患的薄弱环节。④高速运转的金融、流通及各生产经济部门对通信网络和计算机网络的依赖程度日益增大。因此,城市一旦遭受洪涝之灾,其直接经济损失固然是巨大的,而由此引起正常社会、经济、生活秩序的紊乱所造成的间接损失,则更会大得多。

7. 城市内水体面积的锐减,使城市内涝频繁

城市内及附近的河、湖、塘、洼等水体,均有调蓄雨洪的作用。水体被填占,面积锐减,将导致暴雨后的内涝之灾。尤其是在汛期,江河水位或潮位高涨,雨洪无法自排,城内水体又无法调蓄,将形成严重的涝灾。武汉市就是这方面的典型例子。

8. 都市化改变了市域环境,使暴雨洪灾严重化

都市化使城市环境改变,原植被土壤用于城市建设,使市区下垫面不透水面积大大增加,使大部分降雨形成地面径流。据北京市的调查,城区20世纪80年代的不透水面积比达到77%。降雨径流的关系有如下变化:①洪量增加,洪峰提高,洪水过程变成尖瘦;②径流系数提高。使原来排水排洪系统不能适应水文变化而能力偏小,使市区洪涝灾害加重。

9. 房屋建筑不能适应洪水冲击、泡浸

在20世纪历次洪灾中,均有许多房屋倒塌、毁坏,如1991年全国因洪涝灾害倒塌房屋497.9万间;1998年因水灾房屋倒塌560万间以上,损坏1180多万间。

这些倒塌、损坏的房屋,多为一层的土木或砖木结构,不能抗洪水冲击和浸泡。若这些房屋改造为砖结构、砖石结构或钢筋混凝土结构,层数改为三层或四层,则能抗洪水冲击泡浸而不倒塌,一层、二层的财物受浸时可以转移到三、四层,遇到洪水可以大大减少灾害的损失。

4.5 我国防御洪涝灾害的综合体系

新中国成立以来,我国在防御洪涝灾害上做了大量的工作,取得了显著的成绩。因为洪水乃是水运动的一种特殊自然现象,在自然或人为的条件下,它都可能

对人类造成灾害。建国以来我国遭受了多次严重的洪涝灾害。

为了达到有效的防洪减灾的目的,这就不仅要靠水利部门修水库、修堤防,还必须靠多部门的共同努力,建立防御洪涝灾害的综合体系。

4.5.1 防御洪涝灾害的综合体系的特点

为了有效防御洪涝灾害,必须建立一个防御洪涝灾害的综合体系,这一体系应有如下特点:

1. 它是一门多学科综合性的新兴学科

防御洪涝灾害的综合体系并不仅仅包括水利科学,还包括了国土管理与规划,建筑与城市建设环境工程、结构工程科学、生态学、林学、农学、水产学、畜牧学、地理学、土壤学、地质科学、大气科学、海洋科学、信息科学以及灾害学等。

2. 它是自然科学和社会科学相互交叉和渗透的复合大系统

由于洪水乃是水运动的一种特殊自然现象,洪涝灾害属自然灾害范畴,防御洪涝灾害的综合体系包括了众多自然科学的学科,它具有自然科学的属性是毫无疑义的。

然而,洪水并不等于洪灾,只有在自然因素和人为因素的作用所形成的特定条件下,洪水才能形成洪灾。人为因素又与人类社会密切相关,如毁林垦荒、围湖造田等都与社会经济发展、人口的增长等息息相关。反过来,因水土流失、调蓄系统逐渐消失引起或加重洪涝灾害,又引起一系列社会问题,阻碍了社会的发展。因此,防御洪涝灾害的综合体系又不可避免地成为社会系统的一个组成部分,其学科又具有社会科学的属性。

由于灾害的社会性、多学科性,因而有意识地组织起来,协调各学科的发展,加强领导、管理,推广研究成果是一种必然的趋势。

4.5.2 防御洪涝灾害综合体系的组成

防御洪涝灾害的综合体系应由以下 7 个系统组成。

1. 防御洪涝、干旱灾害实行统一领导、统一规划和成果推广系统

2. 植树护林、水土保持系统

3. 防洪排涝工程系统

这一系统又称为疏导系统,其中包括堤防、调蓄和滞洪减流及除涝排水等方面共 4 个子系统。堤防系统包括江堤、湖堤、海堤以及城市防洪堤、防洪墙等,建议采用一个合理的防洪标准。调蓄系统包括在上中游筑坝而形成的多水库拦洪蓄水系统,以及与河流相通的天然的湖泊,有削减下游洪峰量的作用。滞洪减流系统由行蓄洪区、减流河渠组成,起到蓄洪和滞洪的作用。除涝排水系统由排水沟渠、蓄水设施(湖池河网等)、出口排水枢纽(排水闸、抽排站等)和防止高地洪水入侵的截洪沟以及排水区外的容泄区等组成。

防洪排涝工程系统是防御洪涝灾害的综合体系的重要组成部分。

4. 城市村镇建筑避水灾的适洪系统

这一系统由建筑避水灾适洪系统、生命线工程系统和汛期避水交通运输系统 3 个子系统组成。建筑避水灾适洪系统由单体建筑、街道、居民区适洪等子系统组成。生命线工程系统由救灾生命线工程和生命线保障工程两大部分包括给水系统、排水系统、医疗卫生系统、供电系统、通信邮电系统等组成。汛期避水交通运输系统由城市村镇汛期内部交通运输系统和对外交通运输系统组成。

城市村镇建筑避水适洪系统乃是总结近数十年洪涝灾害的经验教训后，又借鉴西江流域有关避水适洪措施而提出的一个新的防洪减灾系统。由前述可知，仅 1981 年四川洪灾和 1991 年水灾就毁坏房屋 1000 万间以上，仅此经济损失就达 200 亿元。这一新的防洪减灾系统无疑将在今后与本体系的其他系统相配合，产生巨大的防洪减灾效益。

5. 洪水预测预报系统

这一系统由洪水预测系统、洪水预警系统两个子系统组成。这一系统在近数十年的防洪减灾中发挥了重要的作用。

6. 抗洪抢险和救援系统

这一系统由抗洪抢险和救援安民两个子系统组成。在 20 世纪 90 年代水灾中，这一系统充分体现了我国社会主义制度的优越性，一方有难，八方支援，发挥了重大的防洪减灾效益。

7. 防洪立法与保险系统

由于防洪具有社会性，因此必须以立法约束人们的行为，以保证其实施，而且这一系统对受洪水威胁地区和蓄洪区实行普遍保险，使受洪涝灾害地区可获得资金，迅速重建家园，恢复生产。这一系统在 20 世纪 90 年代洪灾中已发挥重要作用，是一个重要的防洪减灾系统。

4.5.3 我国防御洪涝灾害的减灾对策

我国防御洪涝灾害可采用如下减灾对策：

（1）充分发挥综合性多学科的优势，让水利、建筑环境与结构工程、生态、林、农、水产、畜牧、地理、土壤、地质、大气、海洋、信息、灾害学等自然科学及有关社会科学共同研讨，献计献策，相辅相成，从而奠定有关防御洪涝灾害的综合体系的理论基础，用以指导有关的实践活动，让它在符合自然规律的科学轨道上运转。

（2）在统一规划的原则下，由中央和各江河流域、各地区、各城市村镇制定各自的防御洪涝灾害的综合规划，这些规划要因地制宜，让 7 个防洪减灾系统相辅相成，构成一个有效而科学的防御洪涝灾害的综合体系。

（3）综合运用二大类三个方面的防洪减灾措施。即工程性疏洪、导洪措施，工程性避水适洪措施，非工程性防洪减灾抢险、救灾措施，以取得最大的防洪减灾效益。

由于避水适洪措施以前未被普遍运用，因此本书特别加以强调，在如下区域应用适洪措施：

A. 滞洪区　我们现有蓄滞洪区 100 多处，3 万 km^2，现有人口 1500 万，仅武汉附近的蓄滞洪区，财产就达近百亿。在蓄滞洪区运用适洪措施，无疑会产生重要的防洪减灾效益。

B. 设防标准不高的城市村镇　鉴于安康 1983 年特大洪水灌城的惨痛教训，应在虽已设防仍有洪灾威胁的城市、村镇施行适洪措施，以应付突发事件，减少人民生命财产的损失。

C. 大、中型水坝附近下游的城市村镇　为了防止水坝突发事件(如由于地震、工程质量事故、管理不善等引起漫顶、崩塌等)，采用适洪措施是必要的。

D. 未设堤防而又受洪水威胁的城市村镇　例如平原、山区、河网、江河出海口三角洲等地区，其采用适洪措施的必要性是不言而喻的。

(4) 应用立法的手段，以保证防御洪涝灾害的综合体系在统一规划、统一指挥、统一管理而分工负责的情况下正常运转。

4.6　城市防洪综合体系

4.6.1　城市防洪综合体系的组成

为了有效地防御洪涝灾害，有必要建立城市防洪综合体系。城市防洪综合体系的结构如图 4-1 所示。城市防洪综合体系应由如下六个系统组成：

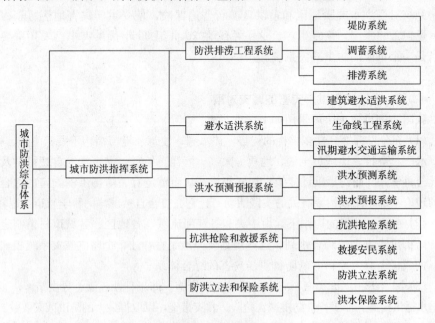

图 4-1　城市防洪综合体系的结构

4.6 城市防洪综合体系

1. 城市防洪指挥系统

该系统是城市防洪综合体系的心脏和大脑。在它的统一指挥下，协调各个系统的行动，从而构成城市防洪综合体系，使之成为能有效地防御洪涝灾害的坚强堡垒。

2. 防洪排涝工程系统

该系统有两个任务，一是防止外部洪水侵入城区，二是排除城内积水，避免内涝。它由堤防、调蓄和排涝三个子系统组成。堤防系统由保护城市的防洪堤、防洪墙以及门闸等组成。调蓄系统由城区和近郊的湖池、河渠、湿地组成。排涝系统由排洪河渠、沟管、截洪沟以及排涝泵站等组成。

防洪排涝工程系统是城市防洪综合体系的重要组成部分。

3. 避水适洪系统

这一系统由建筑避水适洪系统、生命线工程系统和汛期避水交通运输系统三个子系统组成。建筑避水适洪系统又由单体建筑、街道、居民区适洪等系统组成。生命线工程系统由给水、排水、医疗卫生、供电、通信邮电等系统组成。汛期避水交通运输系统由汛期城市内部交通运输系统和对外交通运输系统组成。

4. 洪水预测预报系统

该系统由洪水预测系统和洪水预报系统两个子系统组成。该系统是城市防洪综合体系的耳目和喉舌，是其重要的组成部分。

5. 抗洪抢险和救援系统

该系统由抗洪抢险和救援安民两个子系统组成。它是城市防洪体系不可缺少的组成部分。

6. 防洪立法和保险系统

它由防洪立法和洪水保险两个子系统组成。

4.6.2 城市防御洪涝灾害的减灾对策

城市防御洪涝灾害可采用如下减灾对策：

（1）充分发挥综合性多学科的优势，让水利、建筑环境与结构工程、生态、地理、地质、大气、海洋、信息、灾害学等自然科学及有关社会科学共同研讨，相辅相成，从而奠定城市防洪综合体系的理论基础，让它在符合自然规律的科学轨道上运转。

（2）根据所在流域的防洪规划，并根据实际情况，因地制宜地制订出各个城市的防洪规划。流域内各城市的防洪规划应与流域防洪规划相互配合，构成一个有机的整体，从而获得最大的防洪减灾效益。

（3）综合运用工程性防洪排涝措施、工程性避水适洪措施和非工程性减灾措施这两大类三个方面的防洪减灾措施，以取得防洪减灾的最好效益。

避水适洪措施的应用范围：

A. 设防标准不高的城市,以防类似安康城洪灾的突发事件,减少人民生命财产的损失。

B. 大中型水坝附近下游的城市,以防水坝漫顶、崩塌等突发事故。

C. 未设防而受洪水威胁的城市。无论是山区、平原、三角洲和滨海的这种城市,均可因地制宜地采用避水适洪措施。

D. 设防标准较高的城市中,可部分地运用于重要的设施和建筑中,如重要的机关大楼、博物馆、美术馆、银行建筑以及给水、排水、医疗卫生、供电、通信邮电等生命线工程系统等。

(4) 新城市新城区的选址必须注意减少或避免洪灾。

(5) 保护古城的防洪设施,并发挥其作用。例如,1991年水灾中,苏州利用古城墙防洪,保证了古城范围 15.7km^2 免遭水淹,城中 35 万人安居乐业,其中工业企业固定资产 40 亿元免受损失,效益是惊人的。

(6) 保护古城的湖池水系以及城内外水体,以利调蓄和排洪。

(7) 增加城区绿化面积和道路、广场透水面积,尽量减小都市化洪水效应。

(8) 通过立法,加强堤防和行洪河道的管理,以保证堤防的安全和河道顺利排洪。

(9) 加强对地下水开采的管理,采取措施防止地面沉降。

(10) 健全防汛指挥及办事机构,要求班子固定,人员固定,克服"汛期凑班子,汛后散摊子"的现象。

4.7 流域防洪规划

4.7.1 防洪规划

防洪规划为防治某一地区、城市或某一河流的洪水灾害而制定的总体部署(战略性计划)。根据流域和保护对象的自然与社会特点,历史洪灾损失和现有的防洪措施,提出规划原则与规划研究内容。规划类型一般有流域防洪规划、地区(市)防洪规划、防洪工程规划等 3 种,后两种要在前者的规划指导下进行。

4.7.2 流域防洪规划的原则

流域防洪规划要考虑需要与可能、局部与整体、近期与远景以及水资源的综合利用等原则。在具体方案研究中还必须考虑蓄与泄、一般与特殊、工程措施与非工程措施相结合以及大中小型防洪工程的相互联合调度与应用等。

1. 需要与可能的关系

根据洪水的特性、历史洪水灾害,考虑国民经济有关部门与社会各方面对防洪的要求;再根据防护区的政治、经济现状,研究在现有财力与技术条件下可能采取的各项防洪措施;结合生产力的合理布局,根据国家防洪标准制定保护对象的防洪标准和经济合理的防洪方案，且应尽可能地包括防御毁灭性灾害的应急措施等。

2. 局部与整体的关系

流域防洪规划中要强调从全局出发，上下游、左右岸统筹兼顾，必要时作某些局部的牺牲，以保全大局和重点保护对象的安全。重点保护对象一般指：洪水可能造成毁灭性灾害的地区、重要城镇、重要工矿企业、交通干线、大面积的农田等。

3. 近期与远景的关系

洪灾直接威胁人身安全和国民经济的发展，但影响范围和严重程度有差别，要根据各地区或部门对防洪的要求，分轻重缓急，采取分阶段有计划地逐步提高不同保护对象的防洪标准。近期实施要求与远景规划相适应。一般应尽快尽早地解决防御常遇洪水灾害的要求，并要有防御超标准洪水或毁灭性灾害的应急对策与措施。

4. 防洪与水资源综合利用的关系

开发水资源和治理江河，要考虑综合利用与防洪利益相结合，把国民经济各部门的整体利益作为规划总目标，统筹兼顾，使得防洪与多目标开发水资源合理地结合起来。规划中既要采取必要的措施，提高保护区的防洪标准，也要满足水资源的综合利用要求。

5. 其他关系

(1) 洪水蓄与泄，要蓄泄兼顾，因地制宜 山丘区一般以蓄为主，要研究修建山谷水库、水土保持工程拦蓄洪水，削减水沙洪峰；平原区一般以泄为主，也要考虑泄纳超额洪水，如修堤治河扩大河槽行洪能力，并辅以分(蓄)洪措施，合理安排洪水出路。

(2) 一般洪水与特殊洪水处理措施要有所区别 对于设计标准以内的洪水，采取正常的必要措施，使灾害减少到最小的程度；对超标准的洪水，则应有临时应急对策，做到保证人身安全，并尽可能缩小洪灾损失，防止毁灭性灾害。

(3) 工程措施与非工程措施相结合 防洪工程耗资很大，并需占用大片土地，而防洪非工程措施可用较少的投资，减轻洪水损失。因此，在防洪规划中要研究这两者的良好结合，达到优化防洪系统的目的。

(4) 大中小型防洪工程相结合 对干支流局部地区及零散的山洪、泥石流灾害，要在统一安排下，采取以蓄为主，小型为主，结合必要的大中型工程来防治洪水灾害。

4.7.3 流域防洪规划的内容

防洪规划主要包括调查研究并编制洪水风险图、拟定防洪标准、选择防洪系统、进行防洪效益计算和编制规划报告5个方面。

1. 调查研究并编制洪水风险图

主要进行5方面的工作：

(1) 收集、分析流域与保护区的自然地理、工程地质条件、水文气象与洪水资料；
（2）了解历史洪水灾害的成因与损失；
（3）了解社会经济现状与今后发展状况；
（4）摸清现有防洪设施与防洪标准；
（5）广泛收集各方面对防洪的要求；
（6）编制洪水风险图。

编制洪水风险图可采用三种方法：

A. 历史洪水灾害调查　根据过去各地区曾经发生过的洪水灾害及其造成的损失来判断各地区洪水灾害的危险程度。

B. 模型试验　将某一地区的地形、河流、水利工程等按一定比例缩小，进行洪水的水力学模型试验，以此判断各地洪水灾害的危险程度。这种方法要占用较大场地，而且人力和物力消耗较大，因而非常昂贵。

C. 数学模型　利用计算机对洪水的泛滥过程进行数值模拟，可以较方便地计算出洪水泛滥区域内的淹没水深、洪水的涨退过程以及流速、流向等，应用起来十分方便。因此目前所编制的洪水风险图几乎全是采用数学模型的方法。

2. 拟定防洪标准

根据保护区不同保护对象的重要性、洪灾严重程度，结合可能的防洪措施条件，进行技术经济合理性的研究比较，并参照设计规范选用防洪标准。

3. 选择防洪系统

根据防洪要求，考虑现有防洪工程，对堤防、分（蓄）洪工程、水库工程等措施，进行单项工程设施及其特征值的选择与多项工程组合情况的研究，并结合非工程措施，从技术、经济、政治诸因素提出各种代表性方案；然后在相同条件下，计算分析各方案的防洪作用、工程量、施工年限和投资等，通过综合比较论证，选择优化防洪系统并提出近期工程与方案实施程序以及防洪调度方式等。

4. 防洪效益计算

防洪效益计算是指防洪系统实施后所能减轻的直接与间接的洪灾损失。防洪效益一般计算能用货币表示的部分，并以年平均效益作为一项评价的指标。年平均效益的计算，一般用频率法或长系列洪水资料逐年计算法推求。由于年平均效益并不能全面反映防洪措施的实际效益，因此，必须对特大洪水典型年进行计算分析。为了考虑实际防洪效益不确定的影响，应作敏感性分析，并根据防洪对象的具体条件按预测的平均经济增长率，估算计算期内各年的效益，以反映洪灾损失随国民经济增长的影响。这一计算的经济效益只是防洪效益的一部分。此外，还要对未能采用货币表示的社会效益、环境效益等加以阐述。

5. 编制规划报告

一般包括流域自然地理概况、社会经济概况、水文气象与洪水特性分析、历史洪灾损失、防洪工程现状、规划比较方案与选定方案的防洪作用、工程造价、施工、移民安迁计划以及规划图表等。

4.7.4 防洪标准

1. 一般防洪标准

防洪标准是反映某一时期对某一河段或地区的防洪目标和要求。一般以某一控制断面的设计洪水来表示。设计洪水包括洪峰流量、一定时段的洪水总量、洪水过程或洪水位。这种设计洪水可以在实测洪水中选用典型洪水或历史调查洪水或通过频率分析，选用某一重现期的洪水；对于特别重要的防洪对象，也可采用经过分析确定的最大可能洪水。目前我们采用国家标准《防洪标准》(GB 50201—94)。

防洪对象大体可分为三大类：城市（包括工矿企业集中的城镇）；农村（包括不设市的县城及以下市镇）；建筑物（包括水工建筑物、交通运输及各种民用建筑物等），如表4-2和表4-3所示。

城市的等级和防洪标准　　　　　　　　　　　　　　　　表4-2

等级	重要性	非农业人口（万人）	防洪标准[重现期（年）]
Ⅰ	特别重要城市	>150	>200
Ⅱ	重要城市	150～50	200～100
Ⅲ	中等城市	50～20	100～50
Ⅳ	一般城镇	<20	50～20

乡村防护区的等级和防洪标准　　　　　　　　　　　　　表4-3

等级	防护区人口（万人）	防护区耕地面积（万公顷）	防洪标准[重现期（年）]
Ⅰ	>150	>20	100～50
Ⅱ	150～50	20～6.67	50～30
Ⅲ	50～20	6.67～2	30～20
Ⅳ	<20	<2	20～10

2. 防洪运用标准

防洪运用标准是指水利工程防洪运用所采用的洪水标准。一般采用某一重现期的洪水或可能最大洪水为标准，也有采用某一实际发生过的特大洪水或再乘以某一放大系数为标准的洪水。

防洪运用标准要考虑两方面的问题：①为防洪工程本身安全所采用的洪水标准；②防护对象的防洪标准。

4.8 城市防洪规划

我国有一百多座大中城市，40%的人口和16%的工农业产值集中在全国七大河流中下游及东南滨海河流不足8万km²的土地上。随着我国经济社会的不断发展，城市的地位和作用越来越显著，其防洪安全问题也日渐突出。要以江河防洪规划和城市总体规划为依据，提出城市近期及中、长期的防洪目标，编制与完善城市防洪规划。

4.8.1 城市防洪特点

城市是流域内一个点，范围小，涉及面广，防洪标准要求高。城市所在具体位置不同，防洪特性各异。

(1) 沿河流兴建的城市，主要受河流洪水如暴雨洪水、融雪洪水、冰凌洪水以及溃坝洪水的威胁；

(2) 地势低平有堤围防护的城市，除河、湖洪水外，还有市区暴雨涝水与洪涝遭遇的影响；

(3) 位居海滨或河口的城市，有潮汐、风暴潮、地震海啸、河口洪水等产生的增水问题；

(4) 依山傍水的城市，除河流洪水外，还有山洪、山体塌滑或泥石流等危害。中国城市防洪主要由水利部门负责，也涉及城市建设、航运交通、人防及其他厂矿部门。

4.8.2 城市防洪规划的任务与原则

1. 规划任务

根据城市社会经济的发展状况，结合城市总体规划及城市河道水系的流域总体规划、城市河道的治理开发现状，分析、计算规划城市所在水系的现有防洪能力，调查、研究历史洪水灾害及其成因，按照统筹兼顾、全面规划、综合利用水资源和保证城市安全的原则，根据防护对象的重要性，结合现实的可能性，将洪水对城市的危害程度降低到防洪标准范围以内。具体而言，有以下几项主要任务：

(1) 确定城市防洪、治涝标准。

(2) 研究蓄、滞、泄的关系，选择防洪、治涝方案，拟定工程措施。

(3) 阐明工程效益。

(4) 确定近期工程和远期建设计划。

2. 规划原则

(1) 城市防洪规划应以城市所在的江河流域防洪规划及城市总体规划为依据，并纳入城市总体规划之中。在规划编制和审查过程中，要听取防汛、城市规划、建设、水利等部门的意见。防洪工程设施布局应与流域规划、总体规划及市政工程建设相协调，且尽量与环境美化相结合。

（2）城市防洪规划必须明确规划水平年，并与流域规划水平年和城市总体规划年限相一致。

（3）城市防洪规划必须贯彻国家的建设方针，因地制宜，处理好需要与可能、近期与远景、防洪与排涝、防洪与城市建设等各方面关系，并认真贯彻国家环境保护法的有关规定，注重研究防洪设施对城区生态环境的影响。

（4）城市防洪规划应积极采用新理论、新技术，使工程安全可靠、经济合理、造型美观。

（5）城市防洪规划应根据城市大小及其重要性，在充分分析防洪工程效益的基础上合理选定城市防洪标准，对重要城市的超标特大洪水要作出对策性防护方案。

（6）城市防洪规划要注意节约城市用地，要慎重研究河滩地的利用。

（7）城市防洪规划要全面考虑经济、社会、环境三大效益的相互协调。

4.8.3 城市防洪规划的内容与程序

城市防洪规划是统筹安排各种预防和减轻洪水对城市造成灾害的工程或非工程措施的专项规划。它包括防山洪、海潮和排涝等方面内容。当城市防洪规划作为一个章节纳入城市总体规划时，其确定防洪标准、防洪措施以及近、远期建设计划等主要内容应随之列入其中。

1. 调查研究

主要进行以下 5 方面的工作：

（1）收集、分析流域与保护区的自然地理、工程地质条件和水文气象与洪水资料。

（2）了解历史洪水灾害的成因与损失。

（3）了解城市社会经济现状与未来发展状况。

（4）摸清城市现有防洪设施与防洪标准。

（5）广泛收集各方面对城市防洪的要求。

（6）编制城市洪涝风险图。

2. 城市防洪、治涝水文分析计算

（1）有关流域特征和暴雨洪水资料的分析整理

A. 应摸清工程地点近一二百年间发生的特大和大洪水情况，如水情、雨情、洪痕位置、发生时间、河道变迁及过水断面的变化，对历史洪水力求定量，并确定重现期。

B. 对筑堤河段应进行归槽流量及壅水、降水曲线计算，并绘制水面线图。

C. 防洪控制断面必须有水位—流量关系观测资料，如无实测资料应采用多种方式进行分析计算，制定水位流量关系曲线，同时设置专用水文站或水位站，用实

第4章 城市和建筑防洪

测成果供下阶段设计时修正水位流量关系曲线。

(2) 设计洪水的计算

包括代表站、参证站及控制断面的设计洪水分析计算。如采用水库拦洪，还需进行水库设计、洪水区间设计、洪水的分析计算（它需要有设计洪水过程线，应选择3个以上对工程较为不利的实测典型年，分析、计算并放大其设计洪水过程线，供调洪计算选用）。具体的计算应按有关规定进行。

(3) 涝区设计洪水的计算

城市涝区一般缺乏内涝洪水观测资料，可采用设计暴雨来推求设计洪水，但要充分考虑城市产流区汇流条件和特点，合理确定参数。暴雨资料短缺的地方，可用附近水文站或气象站的雨量频率计算，也可用暴雨量等值图取集雨区重心点雨量值作为代表。设计洪水可用推理公式、经验公式计算，并用概化过程线等方法推求洪水过程线。

(4) 排涝泵设计扬程的确定

A. 直接选用外江设计水位减去内涝淹没限制水位；

B. 采用历年外江最高水位的多年平均值减去内涝起调水位（或相应外江常年水位，或两年一遇水位）。

3. 城市防洪规划

(1) 防洪标准

防洪标准应严格按照《防洪标准》(GB 50201—94)执行。

(2) 城市防洪保护范围

城市防洪保护范围的划定，不能只考虑现状，应该充分考虑城市的发展情况，必须与城市发展规划衔接和协调。城市发展规划亦应充分考虑城市防洪规划的可实施性。

(3) 堤防工程

A. 堤线布置必须上下游、左右岸统筹兼顾，堤线距岸边的距离在城市用地较紧的情况下，以堤防工程外坡脚距岸边不小于10m为宜，且要求顺直，并沿地势较高、房屋拆迁量较少的地方布置。

B. 堤防工程布置要结合其他专业规划，并考虑路堤结合、防洪抢险交通的需要以及城市绿化要求。

C. 各堤段的堤型应根据地形地质条件、建筑材料、房屋拆迁量和城市美化要求统一考虑，因地制宜、合理选择。

D. 防洪堤工程应与排涝工程、排污工程、交通闸、下河码头等交叉建筑物及管理维修道统一考虑。

E. 堤防工程应根据工程安全需要和城市美化要求，在河边岸坡设置必要的护岸工程。

F. 防洪堤的断面尺寸和各项设施的规模应按有关规范计算确定，或参照类似工程确定。堤防工程计算工程量控制断面间距在50m左右。

(4) 河道整治工程

应根据沿河的地质条件、河势和水情等因素研究河槽的稳定性和整治后可能在防洪、排涝、供水等方面对上下游、左右岸的影响，并有处理措施——清除河道淤积物和障碍物。对重大的整治工程，应研究其施工条件。整治的目的是为了增加过水能力，降低洪水位，减少洪水泛滥的程度和机率。提高河道过水能力的办法是加大河槽断面，具体工程措施有裁弯取直、河岸线修平、挖泥疏浚(挖槽)等。

(5) 减河工程

即在城市主要行洪河道的上游开挖绕城而过的分洪河道，减少通过城市河道的洪水流量。它对降低通过城区的洪水流量、简化城区防洪措施、减少城区防洪用地，具有比较好的效果。

(6) 水库蓄洪、滞洪工程

水库工程多在山区或丘陵区修建，通常选择库容大、坝线短、施工方便、淹没损失小的山谷作为水库坝址。利用水库蓄洪、滞洪，所需防洪库容应经多方案比较，合理选定，其具体规划内容和要求应按照《水利水电工程水利动能设计规范》执行。由于城市上游的水库蓄滞洪工程同时给城市造成溃坝威胁，其防洪标准一定要慎重研究。

(7) 低洼区分洪、滞洪工程

可根据有关规程，编写利用低洼区分洪、滞洪工程的规划大纲，上报主管部门审批后执行。同时，为确保分洪、滞洪区内的防洪安全，还要修建安全区、安全台及交通通信系统。

(8) 非工程防洪措施

非工程防洪主要内容包括：洪泛区和蓄滞洪区内的建筑物使用、管理及宣传，洪灾区内土地的防洪措施，政府对洪灾区的政策，强制性的防洪保险、洪灾救济，洪水预报警报及紧急撤退措施等。

(9) 行洪河道清障

调查行洪河道阻水物，对主要阻水物进行泄洪能力影响方面的计算，并研究清障原则，提出处理方案及措施。

(10) 对重要城市或防洪区的超标洪水提出应急措施

4. 城市治涝规划

治涝规划主要研究涝区的治理措施，其主要内容有：

(1) 治涝标准研究

一般应以涝区发生一定重现期的暴雨时不受涝为准。建成区设计暴雨重现期一般采用 $P=1\sim2$ 年；天然下垫面为主的产流区设计暴雨重现期 $P=10\sim20$ 年。

(2) 设计排涝流量的确定

应根据涝区洪峰流量及设计洪水过程线，并考虑涝区蓄涝容积的滞洪作用等因素，分析确定设计排涝流量。

(3) 治涝工程措施

因地制宜地采取排、截、抽等方式，正确处理排与截、自排与抽排等关系，合理确定各治涝工程的作用和任务。

抽水站的规划应明确其设站位置、抽排范围、装机容量和电源安排，对大型抽排水站的规模和特征值应有论述。建堤后城区汇流出口处设置的排水闸规模应合理选定。

5. 技术经济分析

(1) 工程投资和年运行费用

A. 工程投资是指达到设计效益所需的全部国民投资，包括国家和集体、群众以各种方式投入的一切费用。它可分为以下几项：

　a. 主体和附属工程投资；

　b. 挖压占地和移民搬迁的费用；

　c. 处理工程不利影响以及保护和改进生态环境的费用；

　d. 规划、勘测、设计、科研等前期费用；

　e. 应对防洪、治涝工程分别进行投资估算。

推荐的近期工程应按概算定额计算，其他可按扩大指标或近年设计的类似工程单价估算，但应认真分析研究，尽量接近实际。此外，还要初拟施工年限，粗估分年度的投资安排。

B. 应根据地形、地质条件与施工要求初拟工程布置、建筑物形式、主要尺寸，并据此进行主要建筑物的工程量计算。一般建筑物及临时工程的工程量可根据类似的已建或设计的工程进行估算。

C. 按有关规定计算年运行费用(可按扩大指标进行估算)。

(2) 效益和经济评价

A. 防洪、治涝工程一般应计算设计年和多年平均两项效益指标，必要时还应计算特大洪、涝年的效益。

B. 防洪、治涝经济效益通常指工程实施后可以减免的国民经济损失，主要包括：

　a. 涝区农、林、牧、副、渔等类用地的损失；

　b. 国家、集体和个人房屋、设施、物资等财产损失；

　c. 工矿停产、商业停业和交通中断的损失；

　d. 防汛、抢险费用；

　e. 修复洪水毁坏的工程和恢复交通、工农业生产等费用；

　f. 受洪水影响的其他间接损失。

应根据上述这些项目，经调查、收集资料并整理、分析，编制地势高程与损失关系曲线。

C. 防洪、治涝工程的经济使用年限，土建工程50年、机电设备25年，经济分析中的经济报酬率采用7%。

D. 经济效益和经济评价是研究工程建设是否可行的前提，是从经济上对工程方案选优的依据，必须实事求是，重视调查研究。具体计算应按水利部颁发的《水利经济计算规范》规定进行。

6. 规划报告编制

规划报告一般应包括流域自然地理概况、社会经济概况、水文气象与洪水特性分析、历史洪灾损失、规划方案比较与选择、规划图件等。其中，尤其应注意以下4个方面问题。

(1) 防洪标准

应严格按照《防洪标准》(GB 50201—94)执行。

(2) 城市防洪保护范围

应与城市发展规划相协调。

(3) 城市防洪规划方案的研究

根据各城市具体情况，使各种方案的组合既能结合实际，又具有鲜明特点；最后，通过经济评价和环境影响评价来选定可实施的优化方案。

(4) 洪水灾害损失调查

在对洪水灾害损失的定量分析过程中，除按当年价格进行分析外，更应充分考虑历史变迁因素，按现行价值进行折算分析。

4.8.4 城市防洪规划的成果及编制、审批与实施

1. 城市防洪规划成果

(1) 图纸

A. 洪水淹没范围图(1：10000～1：5000)。在城市现状图基础上表示不同频率(5%、2%、1%)的洪水淹没范围。

B. 防洪、治涝规划图(1：10000～1：5000)。在城市总体规划图基础上表示防洪、排涝工程(如防洪堤、排涝设施)的位置、范围、主要坐标、标高、非工程防洪区的范围等。

作为单项的专业防洪规划还应包括以下图纸：

C. 主要堤防工程的纵、横剖面图(包括地质情况)。

D. 主要工程设施及建筑物的单体选型图(1：200～1：100)。

(2) 文本

系执行《城市规划法》和进行防洪规划建设的具体条文，应简明扼要，其内容包括：规划依据，规划原则，规划水平年，防洪、排涝标准，防洪、排涝方案的选定及其等级，管理措施及环境评价，效益及经济评价。

(3) 附件

A. 说明书。它是对文本的说明。

B. 基础资料汇编。按 4.8.5 的内容进行汇编。

C. 下达编制任务的批文,方案批准文件,城市总体规划文本及说明书中与本项目有关部分的摘录,流域防洪规划的有关部分,地质、水文等报告,水文计算,投资计算,环境评价的专门报告及其他。

2. 城市防洪规划的编制、审批与实施

城市防洪规划由城市人民政府组织和行政主管部门、建设行政主管部门和其他有关部门依据流域防洪规划、上一级人民政府区域防洪规划,按照国务院规定的审批程序批准后纳入城市总体规划。

(1) 审批程序

城市防洪规划的审批程序由各省(自治区、直辖市)人民政府根据实际情况决定。全国重点防洪城市的防洪规划由省(自治区、直辖市)人民政府批准,其他城市一般可由同级人民政府批准;省(自治区)政府认为重要的防洪规划可提高一级审批。

全国重点防洪城市指广州、成都、武汉、南京、梧州、安庆、南宁、长沙、岳阳、开封、郑州、柳州、北京、济南、蚌埠、淮南、合肥、上海、黄石、荆州、哈尔滨、齐齐哈尔、佳木斯、长春、吉林、沈阳、盘绵等 27 个城市。

(2) 规划的实施

城市防洪规划审批之后,可依据当地经济情况和工程重要程度,把规划确定的项目按照国家基本建设程序的规定纳入当地国民经济和社会发展计划,分步实施。城市防洪工程建设所需投资由各城市人民政府负责安排。全国重点防洪城市的实施计划,应报水利部、建设部、国家发改委、国家防总和有关流域机构备案。

城市防洪工作实行市长负责制,各有关部门应通力协作,多渠道筹措资金,加大投资力度和建设步伐,使城市的防洪能力有较大幅度的提高。根据中央、省、自治区有关规定,征收的河道工程修建维护管理费(含堤防、海塘和排涝工程等设施)或防洪保安资金,应贯彻谁建设、谁维护、谁收费和专款专用的原则。

4.8.5 城市防洪规划的基础资料

城市防洪规划要有目的地搜集、整理有关水文、气象、地形、地质等自然资料和社会、经济资料以及防洪的历史资料。在整理分析时,要了解资料的来源、检验资料的合理性和规律性,并对其可靠性作出评价。

1. 气象、水文(山洪、海潮)资料

一般包括气温、湿度、蒸发量、降雨、风力、风向、河流水位、流量和泥沙等,对这些资料的分析、使用应注意人类活动的影响。此外,还要收集防洪区上游现有水利工程的有关设计数据。

2. 地形资料

(1) 流域规划图(1∶10000~1∶50000)。

(2) 防洪、治涝工程平面布置需要的地形图(1∶5000~1∶25000)。

(3) 主要工程设施、建筑物设计需要的地形图(1∶500~1∶2000)、纵剖面图(水平1∶5000~1∶20000，垂直1∶50~1∶100)及横剖面图(水平1∶200~1∶1000，垂直1∶50~1∶100)。

(4) 主要河道纵剖面图(1∶5000~1∶25000)、横剖面图(间距2~3km一个，水平1∶200~1∶500，垂直1∶50~1∶100)。

(5) 涝区、洪淹区、防洪水库库区地形图(1∶2000~1∶10000)。

(6) 小河道汇水面积图(汇水面积≥20km² 时图纸比例为1∶25000~1∶50000，汇水面积<20km² 时图纸比例为1∶5000~1∶25000)。

3. **地质资料**

(1) 1∶5000~1∶25000区域工程地质图和区域水文地质图。

(2) 堤防工程或主要工程设施的地质纵剖面图(水平1∶5000~1∶20000，垂直1∶50~1∶100)、横剖面图(水平1∶200~1∶500，垂直1∶50~1∶100)。

(3) 主要防洪、治涝建筑应有勘测资料，各类岩土应有试验资料。

(4) 主要工程设施、建筑物的水文地质资料，如含水层的分布、地下水的埋深、类型、补给与排泄条件、化学性质及运动规律等。

(5) 对地域稳定性作出评价，给出地震烈度等级。

4. **社会经济资料**

城市面积，不同高程的人口、耕地、主要矿藏、物产资源，文物及其分布，工业、农业、交通、商业网点、城市建设及生态环境等现状资料以及城市发展规划资料。

5. **洪水灾害资料**

历史上发生过的特大和较大洪涝灾害的次数、年月日、雨情、水情、灾情(淹没范围、水深、经济损失和人员伤亡情况)。

6. **城市防洪治涝历史资料**

现有防洪、治涝工程的设施和标准，工程布置和实际防洪排涝能力，主要建筑物的类型和断面尺寸，工程效益和存在的主要问题(如设计标准、清障、除险加固、投资和管理等问题)。对现有非工程防洪措施的效益及存在问题也应加以阐述。

4.9 城市防涝新设施

4.9.1 城市如何减少内涝灾害

在减少城市内涝上，我国历史上有许多好的经验可以借鉴。例如北京市内拥有众多湖泊，如昆明湖、玉渊潭、积水潭、北海、中南海、什刹海、后海、龙潭湖等，还有京密引水、护城河、凉水河、通惠河等。这些城市河湖在城市排涝、调节水资源、改善城市环境等方面都发挥着重要的作用。而这些河湖又多是古人通过人工疏浚挖掘逐渐形成的。现代城市的规划和建设中应当注意以下的一些问题：

(1) 避免填湖造地，尽可能保留和扩大天然湖泊。在没有天然湖泊的地方应考虑建设一定规模的人工湖，以增加城市对雨洪的调节能力。

(2) 对市区的排水系统应当统一规划，对各建筑小区应规定其雨水排放量。对于不能全部将雨水排放出来的小区可修建小型调节池，既可以调节雨洪，又可以造景。这样可以减轻下游排水河道的压力。

(3) 兴建城市蓄水设施，减轻排涝河道的负担。目前在国外广泛采用低运动场、低花坛、低草地、地下蓄水池、地下河等措施调节小区域的雨洪，达到减轻城市水灾害的目的，甚至有些城市推广屋顶蓄水的办法。

(4) 修建雨水渗透设施，向地下补充地下水，既可减轻城市洪涝灾害，又可以缓解城市水资源不足所引起的问题。

(5) 对城市河湖实行统一调度管理，使河湖既能起到防洪除涝的作用，又能起到增加城市可利用水资源的作用，还可以发挥其美化城市环境的作用。

4.9.2 日美等国的城市蓄水设施

为增加城市对雨洪的调节能力，从 1965 年开始，日、美等国开始修建以防灾调节池为代表的城市蓄水设施。1971 年日本制定了《大规模住宅区开发的调节池技术规范》，1973 年又公布了《防灾调节池技术规范》。归纳起来有如下一些类型：

(1) 多功能分洪区　选择一些低洼地区作为洪水或暴雨期间的分洪或蓄水空间，平时则作为公园或运动场所。

(2) 治水绿化区　平时保持野生自然绿化带，或在楼群之间保持绿化带，其地面较低，雨季可临时蓄水。

(3) 防灾调节池　在新开发的住宅小区内的低洼处设置蓄水池，雨季可以蓄水。

(4) 公园蓄水　将公园挖低，改造后平时为公园，大雨时可蓄水，雨后用泵排出。

(5) 操场蓄水　将一些公共运动场挖低，雨季可蓄水，雨后用泵排出。

(6) 多级蓄水设施　将蓄水区间分为不同高程，小雨时仅最低处蓄水，其他区间仍可它用，大雨时逐渐扩大蓄水面积。

(7) 停车场蓄水　停车场比地面低 30～40cm，大雨时可蓄水，并逐渐通过渗水沟渗入地下。

(8) 楼群空地蓄水　楼群之间用交通桥联接，楼间空地高程较低，雨时可蓄水，并有溢流孔控制蓄水深度，一般不超过 0.5m。

(9) 地下池蓄水　在建筑场地下部分设置大型蓄水池，这部分雨水还可以在稍加处理后用于冲洗和绿化。

(10) 地下水库　一些大型运动场的下面可修建地下水库，水库的顶面即运动场，用桩柱支撑。

(11) 地下河道　在东京及大阪等城市正在建设数十公里的大型地下河，对雨水可蓄可排。

（12）各户蓄水 在企业、住户建设小型蓄水槽，将降落在自己院落内的雨水蓄留起来，通过渗水井逐渐渗入地下。

采取这种城市蓄水的办法可能会使城市建设费用增加 20% 左右。

4.9.3 国外减轻城市洪涝灾害新设施的类型

日本"城市综合治水对策"的基本内容如图 4-2 所示：

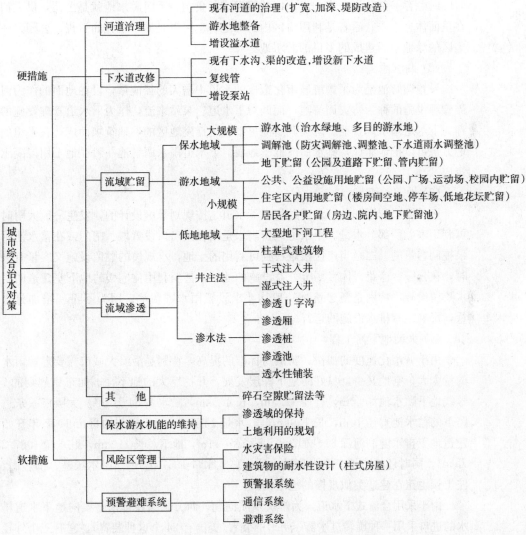

图 4-2 日本"城市综合治水对策"内容框图

其"综合治水对策"分为硬措施和软措施两部分，其中为减轻城市洪涝灾害而采取的新型设施主要为流域贮留设施，其次为流域渗透设施。

1. 流域贮留设施

流域贮留设施包括在城区外建造的较大规模的贮留设施和在城区内利用现有建筑物如公园、广场、运动场、停车场及楼房间的空地而建造的较小规模的贮留设施。

较大规模的贮留设施中：

(1) 游水地、治水绿地

前者是将邻河的大片荒地用堤防围起来形成的，设有溢水道与河流相通，洪水时临时贮存一部分溢过来的洪水以减轻河道的负担，平时游水地就是公园，供人们在里面休息娱乐。后者是利用市区内的绿地，也可以是城市设施如学校、公园、住宅区的绿地空间建成的多目的游水地。

(2) 调解池

设置调解池是为了调解城市化造成的水道中增大的径流量，设在地面的作为河流管理设施的称为防灾调解池，而调解下水道、泵站来流，作为下水道管理设施的称为下水道雨水调解池。防灾调解池可以利用丘陵地区的谷地筑坝而成，在平坦的地方也可以挖地而成，其水面应低于地面。下水道雨水调解池一般在地下用混凝土筑成。

(3) 地下贮留

一是可以利用部分下水道贮留，下水道是按规划暴雨设计的，发生一般大雨时可利用来贮留部分水量。下水道贮留雨水是用在其出口设置堰、闸门或在蓄水池用泵控制容量的。二是当市区很难找到可利用的土地，小规模的贮留设施又容量有限时，在公园、道路、体育场等公益设施的地下，甚至利用住宅楼的地下室建造的雨水贮留设施，特别是新建筑物一般均要求设置雨水贮留池。因为不希望增加排水量，影响现有排水设施的运行。

(4) 大型地下河工程

由于城市化速度的加快，防洪涝标准的提高，特别是沿海大城市需要贮留雨水的量太大，空地又少，只好向地下深层发展，开挖巨大的地下河。如东京规划的7号线地下贮水池深50m，直径12.5m，长4.5km，贮水量54万m^3。大阪市一条道路下的贮水池直径10m，长1.9km，贮水量14万m^3。美国芝加哥市1972年开始建造地下排水隧洞河深61～107m，直径3～11m，地下总长210km，贮水量1087.2万m^3。同时还建造了三个大型贮水池，总贮水量1.57亿m^3。密尔沃基、旧金山、波士顿也正在建造类似规模的地下河。

由于采用合流式下水道，为解决水质问题，西方国家在排水管渠向地下水道排水的进口采用一种旋转进水器(swirl)的装置(美国有24个这种装置)，它有三个外径17.1m的涡流集中器，这个装置可将排水区的溢流进行重力分离，澄清水流，并运走有机的废水。德国将其改进，在出水口加一个挑坎(a baffle skirt)，可分离出较轻的悬浮固体物。目前这种装置仍在研究当中，期望有更好的效果，更低的造价。

小规模的贮留设施：利用公共、公益设施如花园、校园、广场、运动场的空地建成的贮留设施，一般深度限制在30～40cm，并要求雨后半小时内排干，以不影响其使用功能。住宅区内如利用停车场贮留雨水，深度限制为10cm。各居民户贮留可以采取在屋前房后建造贮水渗透池、渗透桩、渗透厢等贮留与渗透结合的形式。

2. **流域渗透设施**

在建造流域雨水贮留设施的同时，为保护水资源，防止地面沉降，又发展出许多渗透雨水的设施，它们分别是渗透井、渗透桩、渗透池、渗透厢，渗透U字沟和透水性铺装等，它们的型式见图4-3。集合住宅区和居民户均可利用楼前屋后的空地建造成排的渗透桩，再用渗透管与渗透厢相连接(图4-3)。渗透不完的水流入下水道，道路旁设渗透U字沟，也和下水管道连接起来，使屋顶和路面的雨水尽量渗入地下。目前在日本贮留设施和渗透措施同时并用，使暴雨峰值得以最大的削减。

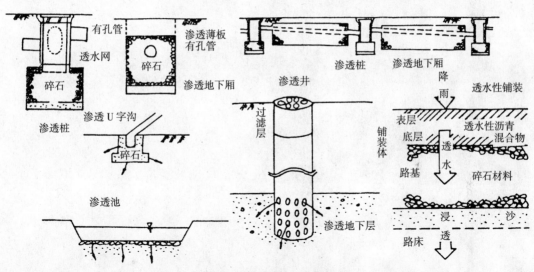

图4-3　各种雨水渗透设施示意图

渗透设施的尺寸、填装料及其效果如何，需通过实验确定。世界目前有15个国家(加拿大、美国、墨西哥、日本、澳大利亚、丹麦、法国、德国、匈牙利、英国、意大利、挪威、瑞典、瑞士、南斯拉夫)建立了20个抑制雨水流出的试验流域，互相交流信息，包括各流域中下水管、人孔、流量、雨量观测设施，各次降雨的量、历时、雨量—流量关系及其比较等，以便研究如何更好地发展雨水渗透设施。

第5章 建筑防地质灾害

Chapter 5
The Construction Prevents the Geological Disaster

第5章 建筑防地质灾害

5.1 地质灾害的概念和内容

5.1.1 地质环境

1999年世界地球日(4月22日)的主题是"防治地质灾害"。

要了解地质灾害,先要了解地质环境这一概念。

地质环境主要是指影响人类生存和发展的岩石圈浅部和相关的水圈、生物圈及大气圈的一部分。其上限是地球的岩石圈表面,其各种地质作用的因素都与大气、地表水体和生物界互相作用;其下限取决于人类的科学技术水平和生产活动所能达到的最大深度。

5.1.2 地质灾害

地质灾害是岩石圈表部在自然地质作用和人为地质作用的影响下,给人类的生命或物质财富带来严重损失的灾害事件,或者严重破坏人类生存环境和自然环境的事件和地质作用。地质灾害包括地震、泥石流、滑坡、崩塌、火山喷发、地裂缝、地面沉降、水土流失、砂土液化、土地沙漠化10种,又以地震、泥石流、滑坡、崩塌、地裂缝、地面沉降、土地沙漠化最常见,危害性最大。

关于地质灾害之地震灾害,本书第一章建筑抗震设计中已涉及,本章不拟讲述。

5.2 地面沉降与灾害

5.2.1 地面沉降

地面沉降是指某一区域内由于各种原因导致的地表浅部的松散沉积物压实加密引起的地面标高下降的现象。地面沉降又称作地面下沉或地陷。

5.2.2 地面沉降灾害的分布

地面沉降主要发生于工业发达的城市,以及内陆盆地、地下水的水源区及油气田开采区。经济发达的美国和日本受地面沉降危害最严重。如美国内华达州的拉斯韦加斯市,自1905年开始抽取地下水,1935年开始进行地面变形观测,地面沉降影响面积已达$1030km^2$,累计沉降幅度在沉降中心区已达1.5m,

并使井管口超出地面1.5m。同时还发生了广泛的地裂缝，其长度和深度均达几十米。

我国目前已经有20多个城市发生了地面沉降，其中最大累计沉降超过2m的有上海、天津、台北、宜兰、嘉义及太原六城市；最大沉降量为1~2m的有西安、无锡、沧州和苏州四城市；最大沉降量为0.5~1m之间的有北京、保定、常州、衡水、嘉兴及阜阳六城市。

5.2.3 地面沉降灾害

由于地面沉降所造成的破坏和影响力是多方面的，主要有下列几个方面。

1. 滨海城市受到海水侵袭和海潮的威胁

2. 工程设施和建筑均受到破坏

（1）港口设施失效。

（2）桥墩下沉，桥下净空减小，使水上交通受阻。

（3）不均匀下沉产生的危害更大。如使深井的井管上升，井台破坏，高楼脱空，桥墩不均匀下沉，自来水管弯裂漏水等，影响市政设施，甚至造成一些建筑物倾斜倒塌。

（4）地面沉降时伴生水平位移造成更大的灾害。不均匀水平位移所造成的巨大剪切力，使路面变形，铁轨扭曲，桥墩移动，墙壁错断倒塌，高楼的支柱和桁架弯扭断裂，油井及其他管道破坏。

3. 河道泄洪能力下降，洪涝灾害加重。 由于地面沉降，河床和河口淤积严重，天津市海河干流泄洪能力由原设计 $1200m^3/s$ 降至 $400m^3/s$ 以下。

5.2.4 减少地面沉降灾害的对策

减少地面沉降灾害的对策包括：

1. 加强对地面沉降系统的监测，建立监测网络

为及时掌握地面沉降的现状、动态、机理，给地面沉降预测和防治提供决策依据，必须建立并完善地面沉降监测系统。其主要组成包括水准测量监测、基岩标、分层标、与地面沉降监测相配合的地下水动态监测系统、地面沉降数据库等。

2. 采取措施减少地面沉降

上海市为了解决既要用水来进行夏天冷却降温和冬天采暖的需要，又要在回灌的过程中使地下水位恢复，以达到控制地面沉降的目的，创造了冬灌夏用和夏灌冬用的方法，以及调整地下水开采层次的办法，得到了控制地面沉降的效果。

开采地下水的深井都不应打在人口稠密地区，而应设在森林和荒野郊区等地。降雨量与开采量决定降落漏斗的范围，因此每年需要确定抽水量的大小。

3. 高大建筑物建址选择在沉降相对稳定的地区

5.3 塌陷灾害

5.3.1 什么是塌陷灾害

塌陷灾害是由于自然或者人为的原因所造成的地表塌陷、滑落和沉降等，对于人类的生存及物质财富所造成的损失。塌陷灾害属于地质灾害，地震、火山、地裂缝和边岸的塌陷等，本身都属于自然现象，各有其产生的原因和发展规律。但是当这些现象危及人类的生命和财产的时候，就成为地质灾害，属于灾害的一部分。

5.3.2 塌陷灾害分类

塌 陷 灾 害 分 类　　　　　　　　　　表 5-1

	分　类	
按形式分类	（1）地面塌陷 （2）地裂缝 （3）渗透变形 （4）砂土液化 （5）特殊岩石类胀缩变形	
按原因分类	（1）地震塌陷	A. 构造地震塌陷 B. 水库诱发地震塌陷
	（2）水动力塌陷	A. 边岸塌陷，即由于江河湖海的波浪和冲蚀所形成的塌陷 B. 岩溶塌陷 C. 过量开采和矿山疏干地下水所引起的塌陷 D. 流沙塌陷
	（3）矿山塌陷	A. 矿山开采塌陷 B. 矿山排水塌陷
	（4）重力塌陷	A. 崩塌、滑塌 B. 滑坡 C. 黄土湿陷和塌陷

5.3.3 地裂缝塌陷与灾害

1. 地裂缝塌陷

地裂缝是现代地表的岩体、地体，在自然条件下或人为作用的影响下所产生的裂缝现象。地裂缝一般产生在第四系的沉积层中，在地面上形成一定宽度的开裂，并且延伸相当的长度。地裂缝塌陷是一种灾害地质现象。

我国的地裂缝塌陷十分发育，广泛分布于我国东部和中部的平原、盆地和丘陵地区。地裂缝塌陷的灾害对于建筑、城市、地下管线工程和农田的规划使用所造成的危害巨大，日益引起了有关部门的重视。地裂缝塌陷的成因机理和防治研究，对国民经济具有很大意义。

2. 地裂缝塌陷灾害的主要特征

(1) 灾害的严重性

我国的地裂缝塌陷灾害十分严重,发生于 25 个省、市、自治区的 300 多个县市,已经发现的地裂缝多达数千条,覆盖面积达 60 多万 km^2。地裂缝破坏房屋建筑、水坝、河堤、铁路、公路和地下管线等,造成极大的经济损失。

(2) 灾害的不均一性

地裂缝塌陷灾害以相对沉降差异为主,其次为水平拉张和错动。即裂缝两边的运动状况不同,所造成的破坏也不一样;即使在同一条地裂缝上的不同部位,地裂缝的活动强度及破坏程度也有差别。

(3) 灾害的渐发性

地裂缝塌陷灾害是随着地裂缝缓慢的蠕动扩展而逐渐加剧的,随着时间的延续,其影响和破坏日益严重,最后导致房屋及建筑物的破坏和倒塌。

(4) 灾害的方向性

地裂缝塌陷灾害常沿一定方向延伸,如河北地区的地裂缝以 NE50°者最强,其次为 NW85°和 NW275°,以下依次为 NW315°、NE60°、NW25°。地裂造成的建筑物开裂通常由下向上发生,以横跨地裂缝或与其成大角度相交的建筑物破坏最为强烈。

(5) 灾害的延续性

地裂缝塌陷灾害在水平面上成带状分布,灾害集中于主地裂缝附近,远离此带则无影响;从空间上看,地裂缝的灾害影响多数向下减小,至深部逐渐消失。

(6) 灾害的非对称性

地裂缝的上下两盘所造成的塌陷灾害常不对称,其影响宽度及对建筑物等的破坏影响不同。如大同铁路分局院内,地裂缝上盘塌陷的影响宽度明显大于下盘。

(7) 灾害的周期性

由于引起地裂缝塌陷的构造活动及抽取地下水等人类活动具有周期性,因而地裂缝灾害也有周期性的表现,常与地震活动、雨季或过度抽取地下水的季节有明显的相关关系。

(8) 灾害的必然性

大量的情况表明,凡是地裂缝通过的地方,无论是哪种材料、结构类型的新老建筑,最终总会受到破坏,毫无例外。因此只能采用避让的措施加以解决。

3. 地裂缝塌陷的分类及其特点

(1) 构造地裂缝塌陷

各种构造地裂缝塌陷是由于地壳的构造运动,直接或间接在基岩或土层中所产生的裂缝变形。构造地裂缝塌陷多数由断裂作用的缓慢蠕滑或者快速粘滑而发生,断层的快速粘滑活动常伴有地震发生,因而又称为地震地裂缝塌陷;还可以由于褶皱作用和火山活动而产生。

构造地裂缝塌陷的延伸稳定，不受地表的地形、岩石或土层的性质及其他自然条件影响。它沿着活动断裂的方向伸展，可以切错山脊、陡坎、河流阶地和平原等。

构造地裂缝塌陷的活动，在时间和空间上都有重复发生的特征，反映断裂活动的继承性和周期性。

构造地裂缝往往向地下深处集中，最后连接到一条断裂上面。

（2）非构造地裂缝塌陷

非构造成因的地裂缝塌陷常伴随崩塌、滑坡及地面沉降等塌陷发生，在纵剖面上常呈弧形、圈椅形或近于直立。

4. 地裂缝塌陷灾害的防治

（1）防治原则

对于构造地裂缝塌陷，只能通过建筑避让、工程设防和减灾工程措施来避免和减少塌陷灾害。而对于非构造成因地裂缝塌陷，则可以针对其成因采取工程措施，以防止和减小灾害。

（2）防治方法

A. 防治措施　对于由非构造因素所造成的地裂缝塌陷，可以针对其发生的原因，采取各种措施来防止和减少地裂缝的发生。例如，采取工程措施来防止发生崩塌、滑坡和矿山塌陷，通过控制抽取地下水以防止和减轻地面沉降塌陷等；对于黄土塌陷和湿陷，则主要应防止降水和工业、生活用水的下渗和冲刷。由于各种引起地裂缝的原因不同，所以应当通过详细的工程地质研究，找出引起塌陷的主要原因加以解决。此外，为了防止由于雨水冲刷而诱发地裂缝的发生，也可以采取防止地表水下渗的措施。

B. 减灾工程　当跨越主裂缝的楼房建筑受到破损时，为了限制相邻的楼体结构灾害的扩展，避免更大的损失，可以采取局部拆除的措施，以保留其两侧未受损害的楼体。拆除的宽度依具体情况而定，一般以主裂缝的强度破坏宽度的1.2～1.5倍左右为宜，上下盘拆除宽度的比值宜保持在3∶2或2∶1左右。

在线性地下管道工程跨越地裂缝时，可以采用外廊道隔离、内悬支座管道或内支座式管道软活动接头连接的工程措施。

5. 地裂缝塌陷灾害区的建筑布局

（1）工程地质勘察

地裂缝塌陷灾害中，以构造成因的地裂缝塌陷的规模最大，影响范围最广。因而在地裂缝发育地区布设建筑时，首先应进行详细的工程地质勘察，并且调查研究区域构造和断层活动历史，必要时可以用工程揭露历史上地裂缝及断层的活动状况。对于非构造地裂缝，也应进行相应的工程地质勘察，估计地裂缝发生的危险性及可能性的分布状况，而后再考虑建筑的布局。

(2) 建筑布局

为了保证工程建筑的安全,在布设建筑物时应使建筑物避开地裂缝发育带,特别是永久性建筑更应避免跨越主地裂缝修建。根据刘玉海等(1994)的意见,一般在上盘避让宽度6m,下盘避让宽度4m。

(3) 设防措施

主裂缝两侧的避让带旁边属于次级地裂缝和微破裂影响带,应划出一定宽度的工程设防带,一般在上盘可设为20m,下盘设为15m。凡在设防带内所修建的工业建筑和民用建筑,均应特别加固其地基和基础,或采取措施提高建筑标准,以防止地裂缝塌陷灾害的影响。对于非重要建筑物,也应进行适宜性评价和论证。

5.4 泥石流与灾害

5.4.1 泥石流

泥石流为山地突然爆发的饱含大量泥沙、石块的洪流。泥石流爆发时,山鸣地动,暴雨、雪水或冰川融水夹带固体物质沿陡坡汹涌滚流而下,其中,泥沙、石块的体积含量一般在15%以上,前峰含量可高达60%～80%,来势凶猛,往往能埋没农田,堵塞江河,毁坏路基桥涵等建筑物,具有极大的破坏力。

5.4.2 泥石流的基本成因

影响泥石流形成的自然生态因素众多,但起决定作用的是地质地貌、气候、水文和植被等因素。这几种因素的组合便构成泥石流形成的三个基本条件:丰富的固体物质,足够的水源和陡峻的地形。此外,多种人为活动也在各方面加剧着上述因素的作用,促进泥石流的形成。

1. **地质因素**

松散固体物质的来源及数量的多少,取决于地质因素。地质因素包括地质构造、地层岩性、新构造运动及地震、不良物理地质现象等。它们以不同方式提供松散碎屑物,是泥石流形成的物质基础。滑坡、崩塌、错落等不良物理地质现象,往往直接为泥石流形成提供大量松散固体物质。

2. **地貌因素**

地表崎岖,山高坡陡,高差悬殊,切割强烈,是泥石流分布区的地形特征。中国西南大部分地区为深切割的中山、高山区,山高谷深,沟壑纵横,地面支离破碎,岭谷高差可达数千米以上,为泥石流形成提供了有力的地形条件。地形高差的大小决定了势能的大小,高差越大,势能越大,形成泥石流的动力条件越充足。当堆积于沟谷内的松散固体物质在暴雨山洪激发下形成泥石流后,便奔腾汹涌地向下运动,运动中势能不断转化为动能,其运动速度很快,每秒可达数米至十余米。因此,泥石流拥有巨大的动能,破坏力极强。

3. 气候水文因素

气候水文因素与泥石流形成关系极为密切，既影响形成泥石流的松散碎屑物质，又影响形成泥石流的水体成分和水动力条件，而且还往往是泥石流暴发的激发因素。因此，气候水文因素在泥石流形成中起着十分重要的作用。

4. 植被因素

植被的大面积破坏，特别是森林的大量砍伐破坏，使得山地地表裸露，在降水过程中，雨滴直接打击地表，地表土受到雨滴击溅，土结构迅速遭到破坏，降水的下渗速度降低，地表产流过程加快。在失去了植被截留和阻滞后，此表径流水层很快增厚，在山坡上加速流动。流动过程中流速加快，径流变厚，冲刷力增强，使结构已遭破坏、抗蚀力严重降低的土产生了严重的冲刷侵蚀，而被径流带到沟谷中去。这种冲刷过程不仅使细粒物质被带下去，粗颗粒物质及大小砂石块也被坡面径流夹裹到沟道。这些被携带到沟道中去的固体径流，一部分被洪水带到沟外，相当一部分沉积于沟床内。此外，坡面径流在坡面凹槽内易于形成集中股流，造成坡面冲沟的产生和发育，成为向沟床提供固体物质的重要场所，有的则直接形成泥石流而汇入主沟道中。

5.4.3 泥石流的分类

泥石流的定义与其分类原则、指标等，目前尚不统一。常用的泥石流单项指标或局部综合分类详见表5-2。

常见泥石流分类表　　　表5-2

指标	类型	主要特征
成因	人为泥石流	不合理的人类活动引起，包括经济、社会、军事活动
	自然泥石流	纯自然因素引起
地貌	坡面泥石流	由坡面散流、股流冲刷松土层而形成或由崩滑体液化而成
	河谷泥石流	由坡面泥石流汇集成或沟槽水流掀揭土体而形成
物质外给方式	雨水泥石流	由降雨激发而成；在全球分布最广、活动最频繁
	冰川泥石流	由冰川或积雪消融促成，其形成与冰川活动有关
	崩滑泥石流	在山崩滑坡过程中形成；速度快、堆积量大、分布零散
	溃决泥石流	各种水体的岸、堤、坝溃决而成
	火山泥石流	火山爆发时火山产物形成；主要分布在环太平洋火山带
	地震泥石流	由地震诱发而成；主要分布在阿尔卑斯—西玛拉雅地震带和环太平洋地震带上
	地下水泥石流	由地下水长期渗透土体而形成；较少见
流体组成	泥石流	粗土粒(粒径>2mm)，含量超过30%
	泥流	粗土粒含量<30%
	水石流	缺少细土粒(粒径<2mm)

续表

指标	类型	主要特征
流体性质	黏性泥石流	黏浓，表观密度一般超过 $2t/m^3$，惯性强，冲击力大，固体物质占 40%~60%
	稀性泥石流	较稀，表观密度变化在 1.3~$1.8t/m^3$，黏性土含量少，固体物质占 10%~40%
动力学特征	土力类泥石流	起动厚度较大，是整体性搬运，埋没危害严重
	水力类泥石流	起源于水流，水土易分选，时冲时淤
发育阶段	发展期泥石流	沟道和坡面源地扩大，土量增加，频率增加，可预测、预报
	旺盛期泥石流	源地和土量增重达最大值，泥石流频频爆发，可预测、预报和警报
	间歇期泥石流	源地土体趋向稳定，偶尔暴发，留有余地，须提高警惕
	衰退期泥石流	源地补给土量递降，频率、规模递减，可预测、预报

5.4.4 泥石流的分布

在全世界，除南极洲外，其余各大洲有 50 多个国家有较多泥石流分布。

中国是多山之国，泥石流遍及广大山区，全国有 23 个省、市、自治区遭受泥石流灾害的威胁，每年都造成重大的经济损失和人身伤亡，其中尤以城镇工矿区的泥石流灾害最为突出。据不完全统计，全国受泥石流威胁或成灾的县市已达 100 多个，以西南、西北山区居多。此外，沿青藏高原东部、南部和北部的边缘地带、秦巴山区、太行山—燕山—辽南山区也有不少城市遭到泥石流的突然袭击。四川省 200 多个县城（包括县级的区）中竟有 135 个县市境内有泥石流活动，有 40 座县城和 137 个场镇受到泥石流的严重危害。云南省也是我国泥石流的多发区，省内受泥石流危害的县城有 10 多座。甘肃省的泥石流集中分布于白龙江两岸和渭河上游谷地，受灾的县城 10 余座，场镇 30 多个，以兰州、天水、武都、卓尼、临夏等最为严重。

5.4.5 山区城镇泥石流成灾的某些特点

(1) 暴发突然，成灾快速。泥石流多在突发性暴雨、冰雪暴融、溃决洪水等因素的激发下形成。因其流域小，谷坡陡，汇流快，泥石流形成后，居高临下，转瞬即达城区，往往猝不及防，加之泥石流多在夜间或凌晨突然暴发，若无相应的防灾措施和预测报警装置，人们是难以逃避泥石流的突然袭击的。

(2) 来势凶猛，成灾快速。泥石流暴发时，倚仗陡峻的河床，迅猛下泻，其流速可达 5~10m/s，最快者可达 13~18m/s，其规模巨大，一次泥石流冲出物总量可达几万、几十万甚至上百万立方米。泥石流质体黏稠，表观密度可达 1.5~$2.3t/m^3$，饱含粒径一至数米的巨砾，具有强大的冲击力，足以摧毁沿程的道路、桥涵和各种建筑物。

(3) 成灾集中，损失巨大。受地形条件所限，山区城镇人烟稠密，建筑物拥挤在泥石流的危险区内，又缺乏防灾安全措施，泥石流一旦暴发，无回旋余地，凶猛的泥石流可在顷刻之间将城镇摧毁，造成人员大量伤亡和惨重的经济损失。

(4) 盲目乱建，加剧成灾。泥石流多发区的大江大河两岸之支流，多为泥石流沟，主支流交汇处，大都是泥石流的堆积场所，这里地形开阔，临近河水，交通方便，自古以来都被视为建设城镇的理想之地。随着泥石流的发展，堆积扇不断增大。城镇用地盲目扩大，乱占乱用河滩地，建筑物和居民区纷纷在泥石流危险区内兴建，泥石流和山洪的通道被堵塞和被压缩，将引起泥石流动力学特征的改变，加剧成灾规模和成灾过程。

5.4.6 泥石流的防治

1. 加强泥石流的科学普及宣传工作

要加强对山地环境的保护，提高人们的防灾意识，提倡"靠山吃山"与"保山养山"相结合，要科学而合理地、有节制地开发利用山地资源，提倡文明生产，建立新的生态平衡，抑制泥石流的发展，宣传普及泥石流防治原则和防灾工程的设计方法，以减免在山区城镇规划、设计和建设上因忽视防灾考虑而造成的失误。

2. 山区城镇建设要重视前期灾害调查和防灾规划工作

对拟选建的山区城镇所在地，应进行小区域的泥石流灾情调查，并充分运用大区域泥石流普查结果，分析研究本区的自然环境和社会环境以及泥石流灾害演变历史，查明有无泥石流(是古泥石流，还是现代泥石流)及其性质、规模、成灾范围、灾情状况、趋势等，以此为据，提出城镇选建的利弊和宏观决策意见。

对已建城镇并确有泥石流灾害记载的，要拟定泥石流综合防治规划，并将其作为城镇建设总体规划的重要组成部分。城镇泥石流防治规划要与当地的城建、水利、水保、环保和国土整治等部门紧密结合，互相协调。

3. 城镇泥石流要坚持综合防治和建立综合防御体系以确保安全

泥石流对城镇的危害具有面广、复杂、集中和严重等特点，特别是关系到人身安全。因此，在制定防治措施时要从全方位、多层次、高质量、保安全等方面综合防治考虑，对城镇所在的泥石流沟进行全流域的全面规划，把工程措施(如固床工程、护坡工程、拦挡工程、排导工程、分流停淤工程等)、生物措施(如植树造林、封山育林、谷坊群、水保措施、农业措施等)和行政管理措施结合起来，对流域的上中下游和山水林田路以及农牧副渔等统筹安排，把防灾工作与人民的切身利益挂上钩。

泥石流防治的工程措施包括：

(1) 坡地水土保持工程　除一般的植树造林之外，还应当采取削坡、建挡土墙、截断侵蚀沟、拦石栅、建排水沟、渠等措施，减少坡地土石的流失量。

(2) 沟谷内修建拦砂坝　沟谷内修建各种拦砂坝主要是为了减少土砂流失量或对已流失的土砂进行调节。这些坝都设有排水孔，只拦砂，不拦水。包括：①山脚固定坝，在山脚下筑坝淤砂，增加山体稳定，减少由于滑坡和山崩的产砂量。②防止纵向侵蚀坝，在沟谷的纵向侵蚀区间的下游修建拦砂坝，使河床淤积后保护纵向侵蚀区域不再侵蚀和冲刷，以减少下流土砂量。③堆积体下流拦阻坝，在滑坡、山崩的堆积体下游筑坝，防止堆积体流失形成泥石流。④泥石流拦截坝，对上游已产生的泥石流进行拦截，使30%以上的土砂蓄于库内，进行控制和削减泥石流对下游的破坏力。⑤调砂坝，有一定的库容，可以拦截经常性的水土流失泥砂，减少下游的水土流失量。这些坝可以采用混凝土坝，土石坝，也可以用金属栅栏式的透水坝。

(3) 河道加固和护岸工程　①河床保护，为防止河床冲刷和破坏，在河道内设置混凝土堰板式齿墙，在地面以上高2~5m，深入地下3~5m。地上垟板可以保证水流中心线集中在中心部，并可在淤积后将河道坡度改变为阶梯式，减缓上游坡降，减少冲刷。②对于河流弯曲部有可能因一侧河岸冲刷造成山体崩塌或土地大量侵蚀的部位要设置各种护岸工程，减少土砂流失量。

(4) 分沙池　在泥石流流出山谷，进入扇状地时流速减小，开始堆积。如果任其流动，则可能对居民区构成威胁。因此可在山谷附近选择适合区域划为分沙区，在周围筑堤防止土砂溢出。将泥石流的堆积限制在指定范围内，减少对其他区域的危害。在工程占用区域和危险性较大区域内应当控制人口的迁入和避免投入较大的永久性建设。

5.5　滑坡及其灾害

5.5.1　滑坡

滑坡是指那些构成斜坡体的岩土在重力作用下失稳，沿着坡体内部的一个（或几个）软弱结构面（带）作整体性下滑的地质现象。

5.5.2　滑坡形成条件

滑坡是在一系列因素的作用下发生、发展的。影响滑坡发育的所有因素中，起决定作用的是斜坡本身所具有的内部特征，即为滑坡发育的内部条件。而所有的外界因素均处于通过内部条件而起作用的地位，称之为外部条件（图5-1）。

1. 滑坡发育的内部条件

系指属于斜坡本身所具备的或潜在的有利于滑坡发生的地质、地貌条件。是滑坡发生的内因的体现，是滑坡发生的必要条件。它包括：

(1) 易于滑动的物质——易滑地层；

(2) 组成斜坡的岩土体内，存在几组软弱结构面构成的易于滑动的优势面；

(3) 利于滑动的坡形条件——有效临空面。

可以认为，任何滑坡的发生都必须具备这三个条件，而任何已经发生的滑坡都必然具备了这三个条件。

第5章 建筑防地质灾害

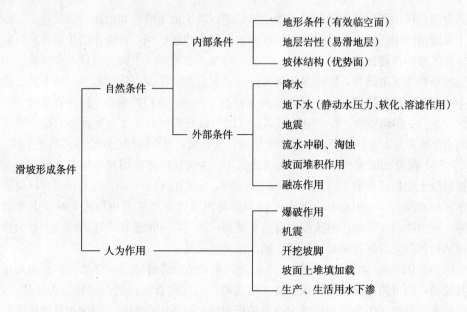

图 5-1 滑坡形成条件简图

2. 滑坡发育的外部条件

系指作用在斜坡上,能使内部条件发挥作用,使下滑与抗滑矛盾激化,从而导致斜坡发生滑动的外界因素。它包括降水、地下水作用、河流冲刷、坡面堆积、融冻、淋融和人为作用等。滑坡的发生并不需要满足所有的外部条件,而只要有其中某一项或几项发挥作用即可引起滑坡。

5.5.3 滑坡发育的各阶段特征

滑坡的发育可分为蠕动、滑动、剧滑、趋稳等四个阶段。

5.5.4 滑坡发生的前兆

不同类型,不同性质、不同特点的滑坡,在滑动之前,均会表现出多种不同的异常现象,显示出滑动的前兆。常见的有以下几种:

(1) 大滑动之前,在滑坡前缘坡脚处,有堵塞多年的泉水复活现象,或者出现泉水(水井)突然干枯、井(钻孔)水位突变等异常现象;

(2) 在滑坡体中,前部出现横向及纵向放射状裂缝。它反映了滑坡体向前推挤并受到阻碍,已进入临滑状态;

(3) 大滑动之前,在滑坡体前缘坡脚处,土体出现上隆(凸起)现象,这是滑坡向前推挤的明显迹象;

(4) 大滑动之前,有岩石开裂或被剪切挤压的音响,这种迹象反映了深部变形与破裂,动物对此十分敏感,有异常反应;

(5) 临滑之前，滑坡体四周岩体(土体)会出现小型坍塌和松弛现象；

(6) 滑坡后缘的裂缝急剧扩展，并从裂缝中冒出热气(或冷气)；

(7) 动物惊恐异常，植物变态。如猪、狗、牛惊恐不安，不入睡，老鼠乱窜不进洞，树木枯萎或歪斜等。

5.5.5 滑坡灾害的防御对策

1. 避灾方案

(1) 按照滑坡(崩滑)调查方法，对滑坡的基本情况、特征，形成滑坡的自然地质环境条件以及险区范围内的社会经济情况和可能造成的滑坡灾害程度进行详细调查，收集所需的有关资料和数据。

(2) 根据调查情况分析研究滑坡的稳定性与发展趋势，判断滑坡规模和主滑方向，以利设计检测预警方案，并落实相应的保护措施。

(3) 在规划防治措施和设计监测预警方案的同时，根据保护对象的重要性及可提供的避灾条件，制定周密的避灾方案。

2. 滑坡防治

如前所述，由于人类越来越多的工程和经济活动破坏了自然坡体，因而近年来滑坡的发生越来越频繁。以下违反自然规律的城市工程活动都会诱发滑坡。

(1) 开挖坡脚：修路、依山建房常常因坡体下部失去支撑而发生下滑。

(2) 蓄水、排水：水渠和水池的漫溢、漏水及工业用水和废水的排放等均使水流渗入坡体，加大孔隙压力，软化土石，增大坡体容量，从而促进或诱发滑坡的发生。

(3) 堆填加载：在斜坡上大量兴建楼房，修建重型工厂，大量堆填土石矿渣等，使斜坡支撑不了过大的重量，失去平衡而沿软弱面下滑。

此外，在山坡上乱砍滥伐，使坡体失去保护，亦会因雨水大量渗入而诱发滑坡。

参 考 文 献

[1]　张兴容，李世嘉编著. 安全科学原理. 北京：中国劳动社会保障出版社，2004.
[2]　鲍世行. 钱学森与建筑科学. 华中建筑，2002，3：4~8.
[3]　吴庆洲. 21世纪中国城市灾害及城市安全战略. 规划师. 2002，1：12~18.
[4]　国家标准抗震规范管理组. 建筑抗震设计规范统一培训教材（第二版）. 北京：中国建筑工业出版社，2002.
[5]　高小旺，龚思礼，苏经宇，易方民. 建筑抗震设计规范理解与应用. 北京：中国建筑工业出版社，2002.
[6]　周云主编. 土木工程防灾减灾学. 广州：华南理工大学出版社，2002.
[7]　陈保胜. 城市与建筑防灾. 上海：同济大学出版社，2001.
[8]　杨金铎. 建筑防灾与减灾. 北京：中国建材工业出版社，2002.
[9]　（西班牙）贝伦·加西亚. 世界名建筑抗震方案设计. 刘伟庆，欧谨译. 北京：中国水利水电出版社，知识产权出版社，2002.
[10]　中华人民共和国建设部和国家质量监督检验检疫总局. 建筑抗震设计规范. 北京：中国建筑工业出版社，2001.
[11]　中国科学院编辑委员会. 中国自然地理·气候. 北京：科学出版社，1985.
[12]　西北师范学院. 地图出版社主编. 中国自然地理图集. 北京：地图出版社，1984.
[13]　周淑贞主编. 气象学与气候学. 北京：高等教育出版社，1984.
[14]　陆中汉等. 实用气象手册. 上海：上海辞书出版社，1984.
[15]　张相庭. 结构风压和风振计算. 上海：同济大学出版社，1985.
[16]　Joseph M Moran, MichaeL D Morgan. Meteorology. Macmillan Publishing Company. New York，1989.
[17]　高绍凤等编著. 应用气候学. 北京：气象出版社，2001.
[18]　谭冠日等编著. 应用气候. 上海：上海科学技术出版社，1985.
[19]　陈静生. 环境地学. 北京：中国环境科学出版社，1986.
[20]　韩渊丰等主编. 中国灾害地理. 西安：陕西师范大学出版社，1993.
[21]　金传达. 说风. 北京：气象出版社，1982.
[22]　金传达. 风. 北京：气象出版社，2002.
[23]　谢世俊编著. 漫话海风. 北京：海洋出版社，1986.
[24]　许以平. 趋利避害讲效益—气象与各行各业. 北京：气象出版社，1987.
[25]　梁慧平等编著. 内陆台风及其预报. 北京：气象出版社，1987.
[26]　罗祖德. 灾害论. 杭州：浙江教育出版社，1990.
[27]　唐长馥等. 工程事故与危险建筑. 上海：同济大学出版社，1994.

[28] 郑力鹏. 我国城镇防风灾的历史经验与对策. 灾害学, 1990(1): 36~64.
[29] 郑力鹏. 沿海城镇防潮灾的历史经验与对策. 城市规划, 1990, (3): 38~40.
[30] 郑力鹏. 中国古塔平面演变的数理分析与启示. 华中建筑, 1991, (2): 46~48.
[31] 郑力鹏. 中国古代建筑防风灾的历史经验与措施. 古建园林技术, 1991, (3)(4), 1992, (1).
[32] 郑力鹏. 传统建筑防灾研究的历史地位与现实意义. 第二届中国建筑传统与理论学术研讨会论文集, 1992: 67~76.
[33] 郑力鹏. 村镇房屋建设中的防风灾对策. 村镇建设, 1992, (6): 7~10.
[34] 郑力鹏. 工程适灾设计的思想与方法. 中葡土木工程与城市规划会议论文集, 1993: 122~126.
[35] 郑力鹏. 村镇规划中的防风灾对策. 村镇建设, 1993, (3): 5~7.
[36] 郑力鹏. 开展城市与建筑"适灾"规划设计研究. 建筑学报, 1995, (8): 39~41.
[37] 郑力鹏. 传统建筑防风设计理论与方法之借鉴. 结构风工程研究及其进展. 重庆: 重庆大学出版社, 1995: 143~147.
[38] 郑力鹏. 古代建筑防风术之借鉴. 华南理工大学学报, 1997. (1): 113~116.
[39] 郑力鹏. 建筑防灾设计的若干方法. 华中建筑, 1999. (3).
[40] Michele Melaragno, Wind in Architectural And Environmental Design. New York: Van Nostrand Reinhold Co., c1982. c1982.
[41] 乾正雄等. 新建筑学大系 8—自然环境. 东京: 彰国社刊, 1981.
[42] 郑力鹏. 坡屋顶研究三题. 建筑学报, 2003, (8): 65~66.
[43] 关滨蓉, 马国馨. 建筑学报, 1995(11): 44~48.
[44] 本书编委会. 建筑设计资料集 1. 北京: 中国建筑工业出版社, 1994.
[45] 建设部. 建筑结构荷载规范(GB 50009—2001). 北京: 中国建筑工业出版社, 2002.
[46] 丁一. 大气中的风暴. 北京: 科学出版社, 1997.
[47] 中国文物研究所. 祁英涛古建论文集. 北京: 华夏出版社, 1992.
[48] 张演钦. 文物建筑遭遇"风之劫". 羊城晚报, 2003. 1. 29.
[49] 富曾慈主编, 胡一三, 李代鑫副主编. 中国水利百科全书·防洪分册. 北京: 中国水利水电出版社, 2004.
[50] 张柏山主编. 世界江河防洪与治理. 郑州: 黄河水利出版社, 2004.
[51] 刘树坤, 杜一, 富曾慈, 周魁一. 全民防洪减灾手册. 沈阳: 辽宁人民出版社, 1993.
[52] 吴庆洲著. 中国古代城市防洪研究. 北京: 中国建筑工业出版社, 1995.
[53] 刘仲桂主编. 中国南方洪涝灾害与防洪减灾. 南宁: 广西科学技术出版社, 1996.
[54] 吴庆洲著. 中国军事建筑艺术. 武汉: 湖北教育出版社, 2006.
[55] 万艳华编著. 城市防灾学. 北京: 中国建筑工业出版社, 2003.
[56] 铁灵芝, 廖文根, 禹雪中. 国外减轻城市洪涝灾害新设施发展综述. 自然灾害学报, 1995, 7: 228~234.
[57] 铁灵芝, 倪婧. 城市防洪除涝新设施规划设计方法增补. 国家自然科学基金"八·

五"重大项目《城市与工程减灾基础研究》内部交流论文，1996.

[58] 吴庆洲. 对20世纪中国洪灾的回顾. 灾害学，2002，2：62～69.

[59] 吴庆洲. 论21世纪的城市防洪减灾. 城市规划汇刊，2002，1：68～70.

[60] 吴庆洲. 中国古代城市防洪的历史经验与借鉴. 城市规划，2002，4：84～92，2005，5：76～84.

[61] 吴庆洲. 现代城市防洪的方略和措施. 长江建设，1995，1：15～18.

[62] 吴庆洲. 我国防御洪涝灾害的综合体系及减灾对策. 灾害学，1992，4：23～27.

[63] 吴庆洲. 我国城市防洪综合体系及减灾对策. 城市规划汇刊，1993，2：47～52.

[64] 纪万斌主编，林景星，齐文同，张振华，杨景萍，鞠建华，王维平副主编. 塌陷与灾害. 北京：地震出版社，1997.

[65] 杜榕桓，李德基，祁龙. 我国山区城镇泥石流成灾特点与防御对策研究. 施雅风、黄鼎成、陈泮勤主编. 中国自然灾害灾情分析与减灾对策. 武汉：湖北科学技术出版社，1992：330～336.

[66] 陈自生，王成华，孔径名. 中国滑坡灾害及宏观防御战略. 中国自然灾害灾情分析与减灾对策. 武汉：湖北科学技术出版社，1992：307～313.

[67] 宝音乌力吉，张鹤年. 我国风沙灾害现状、趋势与对策. 中国自然灾害灾情分析与减灾对策. 武汉：湖北科学技术出版社，1992：348～352.

[68] 申曙光著. 灾害学. 北京：中国农业出版社，1994.

[69] 万艳华编著. 城市防灾学. 北京：中国建筑工业出版社，2003.

[70] 吴庆洲. 中国古城选址的历史经验与借鉴. 城市规划，2000，9：31～36，10：34～41.